氮肥在小麦农田系统中的效应与模拟

王小龙 著

中国科学技术出版社

·北 京·

图书在版编目（CIP）数据

氮肥在小麦农田系统中的效应与模拟 / 王小龙著 .
北京：中国科学技术出版社，2024. 12. -- ISBN 978-7
-5236-1005-3

Ⅰ . S512. 106. 2

中国国家版本馆 CIP 数据核字第 2024R4S016 号

策划编辑	王晓平	
责任编辑	王晓平	
封面设计	寒　露	
正文设计	寒　露	
责任校对	张晓莉	
责任印制	李晓霖	

出　　版	中国科学技术出版社	
发　　行	中国科学技术出版社有限公司	
地　　址	北京市海淀区中关村南大街16号	
邮　　编	100081	
发行电话	010-62173865	
传　　真	010-62173081	
网　　址	http://www.cspbooks.com.cn	

开　　本	710mm×1000mm　1/16	
字　　数	167千字	
印　　张	10.75	
版　　次	2024 年 12 月第 1 版	
印　　次	2024 年 12 月第 1 次印刷	
印　　刷	河北鑫玉鸿程印刷有限公司	
书　　号	ISBN 978-7-5236-1005-3 / S・804	
定　　价	58.00 元	

前　言

氮素是作物生命活动的必需元素，也是农业生态系统变化的主要因子。世界上绝大部分土壤自身的供氮能力根本无法满足农业高强度生产的需求，不断增施化学氮肥就成为满足农业需求的重要手段。同时，氮肥用量的不断增加和农田系统养分迁移所带来的负面效应愈加显现。小麦是世界数十亿人口的主粮，因此研究小麦对氮素吸收利用规律，构建氮素营养动态指标，进行氮素营养精确诊断，优化氮肥管理，提高作物生产力和氮肥利用率，保持小麦农田系统氮素供需平衡，减轻环境危害，就成为发展现代智慧农业的重要内容。

1952 年，乌尔里希（Ulrich）提出了临界氮浓度的概念，即能够使作物达到最大生长量的最小氮浓度，提高了人们对作物氮素积累和生长的认识，为作物氮素诊断和氮肥科学管理提供了新的思路。之后，国内外众多学者将临界氮稀释曲线的研究扩展到不同地区、物种以及管理措施等方面，已开展临界氮稀释曲线研究的作物种类包括谷物、豆类、牧草、蔬菜等 30 多种。其中，小麦是研究最多的作物。从构建临界氮稀释曲线的方法上，科研人员也在进行更多的尝试，如基于作物植株干重、器官干重、叶面积指数（life area index，LAI）等建立的临界氮稀释曲线。关于作物临界氮稀释曲线在作物氮素诊断、氮素管理、模拟预测、遥感无损监测等领域的应用研究已经做了大量工作。然而，临界氮浓度稀释曲线模型的构建方法、不确定性分析、产量评估等方面还需要进一步探索。

前人的研究大多是基于一个地区或者一两个品种构建的氮稀释曲线，而不同条件下建立的临界氮稀释曲线存在一定的不确定性。试验中因取样获取数据频次高低所带来的差异等，都需要进一步认识和定量这种不确定性，分析不确定性的来源。本研究针对既往研究中存在的问题，在黄河流域和长江流域两个小麦生态产区，实施多个施氮水平和施氮模式田间试验，高频次、系统性地获取了田间数据信息，结合已有的小麦品种、大田氮肥试验的历史资料，综合基于地上部干物质和基于LAI的小麦临界氮稀释曲线的优点，构建基于叶面积持续期（leaf area duration，LAD：作物群体绿叶面积对生育时间的积分值）的小麦临界氮稀释曲线；研究氮对小麦产量的影响机制，构建小麦籽粒产量及产量构成因子与不同生育阶段积分氮营养指数之间的定量关系；比较不同试验条件下建立的基于地上部、器官干物质和LAI的临界氮稀释曲线的统计差异，分析不同的基因型、生长环境、管理方案下不同临界氮稀释曲线参数的差异来源，以期为氮素营养精确诊断、高产高效氮肥管理调控、小麦生产力预测和实现小麦数字化管理提供理论依据和技术支撑。

本书得到了我的恩师南京农业大学国家信息农业工程技术中心曹卫星教授、朱艳教授、汤亮教授、田永超教授等，以及研究生姚波等的大力支持和帮助，在此表示诚挚的感谢。

作者虽在研究和写作过程中尽了最大努力，但受学术水平和种种条件的制约，书中定有疏漏和不足之处，恳请专家和同行批评指正。

目　录

第一章　绪　论

本章从作物临界氮稀释曲线研究背景、作物临界氮稀释曲线构建、作物氮素营养定量诊断、作物产量估测模型构建、临界氮稀释曲线不确定性等方面的国内外最新研究进展进行了阐述，并提出了本研究的目的和意义。

小麦（*Triticum aestivum*）是世界数十亿人口的主粮，随着人口的快速增长和生活水平的提高，人们对粮食的需求越来越多（Ortiz et al.，2008）。受耕地面积的限制，需要不断提高单产来满足人类对粮食的需求。氮素是决定作物产量的关键因素之一（Sabine et al.，2004），因此研究小麦对氮肥的需求规律，精确诊断小麦氮素营养状况，已成为当前缓解粮食供需矛盾和实现氮肥数字化管理的关键。

一、引言

氮素是作物生命活动的必需元素，也是农业生态系统变化的主要因子（张卫峰等，2013）。中国人消费的蛋白质中，有56%来自氮肥。大量增施氮肥的增产作用相当于将人均耕地面积从0.08 ha提高到了0.52 ha。这是中国以全球10%的土地资源、21%的灌溉面积养活20%的人口，并不断提高生活水平的关键。然而，世界上绝大部分土壤自身的供氮量无法满足农业高强度生产的需求（朱兆良，2008）。因此，不断增施化肥就成为满足农业需求的重要手段。然而，氮肥用量的不断增加所带来的负面效应愈加显现。随着全球环境问题的日益严峻，农田系统养分迁移对全球变化的响应及其对环境的影响也日益受到重视（OECD，2001；IPPC，2001）。因此，研究小麦对氮素吸收利用规律，构建氮素营养指标动态，进行氮素营养精确诊断，优化氮肥管理，提高作物生产力和氮肥利用率，减轻化肥对环境的危害，是当前智慧农业和数字农业的重要内容。

针对作物对氮素的需求，乌尔里希于 1952 年提出了临界氮浓度的概念，即能够使作物达到最大生长量的最小氮浓度，提高了人们对作物氮素积累和生长的认识，为作物氮素诊断和氮肥科学管理提供了新的思路。1984 年，勒迈尔（Lemaire）和萨莱特（Salette）通过对苜蓿的研究，证明了植株氮浓度的下降与地上干物质积累增长有关，且在不同年份、不同物种和不同基因型都有同样的表现。植株氮浓度的下降与干物质增长的关系能够被拟合为幂函数，称为稀释曲线或临界氮稀释曲线。陈（Chen）等（2021）研究表明，稀释曲线的研究已经扩展到不同地区、物种、管理措施等方面，已开展临界氮稀释曲线研究的作物包括谷物、豆类、牧草、蔬菜等 30 多种（图 1-1），其中小麦的研究最多。尽管作物临界氮稀释曲线的研究已经在作物氮素诊断、氮素管理、模拟预测、遥感无损监测等领域做了大量工作，但是在构建方法、不确定性分析、产量评估等方面还需要进一步探索。

二、作物农田系统氮素养分平衡

随着全球环境问题的加剧，农田系统养分迁移对全球变化的响应及其对环境的影响日益受到重视（IPPC，2001；OECD，2001）。20 世纪90 年代以来，在关注碳循环的同时，研究焦点转向氮、磷、硫循环引起的环境问题。国际科学联合会环境问题科学委员会在 21 世纪初建议关

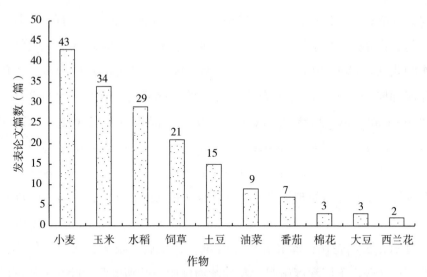

图 1-1 1985—2019 年发表的十大作物临界氮稀释曲线论文的数量（Chen, et al.）

注的环境问题包括农田大量使用化肥引起的"化学定时炸弹（Chemical Time Bomb）"，区域和全球氮超载引起的水体富营养化及温室效应，氮磷的生物地球化学循环与区域环境质量及可持续发展关系，以及营养盐循环对生态系统和生物多样性的影响。农田系统养分循环和平衡是影响作物农田系统生产力和环境的重要因素，也是农业、生态和环境科学研究中的核心问题（Paoletti，1993）。氮素是对作物生长及其生产力影响巨大的元素之一，但世界上大部分土壤自身的供氮量不能满足高强度农业生产的需求（朱兆良，文启孝，1992；朱兆良，2008）。施肥就成为高产的重要手段，土壤养分循环与产量及土壤肥力也一直是作物农田系统研究的重点。

农田氮养分循环中土壤养分的来源主要包括：土壤矿物风化、动植物残留物和土壤微生物的分解、施肥、生物固氮、干湿沉降、灌水等（杨林章等，2008）。进入农田的氮在作物和环境的影响下，其去向可大致分为三个部分：一是被作物吸收利用，二是残留于土体，三是通过不同机制和途径损失（OECD，2001）。农田系统氮损失包括地表径流导致的可溶态养分损失，侵蚀（风蚀和水蚀）引起的土壤养分损失，林溶引起的养分损失（进入地下水体或者地表水体），气态损失（进入大气），作物收获产品携带引起的损失。近期，国际上从氮循环的角度、不同区域和时间尺度，研究了农业生态系统氮循环和平衡的变化（Smile，1999；Galloway，2005；Bouwman，2005a；Bouwman，2005b）。英国洛桑经典试验站（Rothamsted Classical Experiments Station）通过多个长期种植管理模式试验研究，促进了农业施肥技术进步，并不断为英国和世界生态与环境管理提供政策和建议（Risser，1991；Moss，1998）。美国阿拉巴马农业试验站（Alabama Agricultural Experiment Station）通过棉花长期轮作试验和养分用量试验，发展了很多棉田氮素管理技术，包括分次不同深度施肥、花期叶面施肥、叶柄监测、叶片分析、灌溉水管理、生长调节剂、作物生长模型技术等（Mitchell et al.，2000；Holli，2001）。

我国也很重视农田养分平衡施用研究。20世纪70年代以前，农田养分平衡主要依赖有机肥；70年代中期，化学氮肥用量超过有机肥供氮量；80年代初，化学磷肥用量超过有机肥供磷量，但农田钾素至今仍然主要靠有机肥供应；90年代以来，农民过量施用化肥的现象十分严重，经济条件较好的地区，过量施用化肥现象更为严重。由于农田养分使用不平衡和施肥方法不合理，肥料利用效率很低，当季氮肥利用率只有30%～45%，磷肥利用率为10%～25%，钾肥利用率为40%～50%（杨林章等，2002）。我国主要农田系统氮肥损失率在45%左右，氮肥损失中30%左右源于反硝化损失。在我国苏南地区，平均施氮量达到600～675 kg/ha，利用率为20%～25%。国内各地进行的 ^{15}N 微区试验显示，水稻田的氮肥损失率为30%～70%，旱作田的损失率为20%～50%（朱兆良，2000）。我国三个主要河流流域农田氮素迁移损失十分严重。Duan 等（2000）估算我国农田系统化肥氮的淋洗和径流损失量约为 1.74×10^{6} t/ha，长江、黄河和珠江流域每年输出的溶解态

（$NO_3^--N > 80\%$）达到 0.975×10^6 t/ha。目前研究仍缺乏农业源污染过程区分和测定的标准方法，因而无法进行氮磷负荷量的精确定量。

三、作物对农田系统氮素的吸收利用与生产力

作物产量的形成过程始于通过光合作用对大气 CO_2 的同化过程，实质上是由光合作用驱动的能量吸收转换与物质转移分配的一个复杂系统过程。也就是说，作物生产是由光合作用驱动的一个系统过程，此过程的关键因素包括：一是对光合有效辐射（photosynthetically active radiation，PAR，400 ～ 700 nm 光波）的截获，二是能量的吸收转化，三是物质的同化积累与分配生长，四是生命单位的维持（欧阳竹，武兰芳，2012）。促使作物充分利用照射到地面的太阳辐射能进行光合作用、提高作物辐射能利用效率，是增加作物产量的一个根本问题。作物产量受生态环境条件和生长生理因子的影响。其中，氮素在增大叶面积和延长叶片功能期方面，具有显著促进作用。根据欧阳竹等人的研究，在正常光照条件下，土壤养分亏缺状况下小麦叶片光合速率与土壤养分均衡状况下小麦植株叶片光合速率没有明显差异，强光下土壤氮素亏缺叶片的光合速率与对照相比也没有显著变化；同时正常光照下测定的立体无遮阴叶片的净光合速率都没有显著差异。这些结果说明土壤养分均衡条件下，小麦植株叶片间发生的相互遮阴，并不是导致土壤 N、P 亏缺时光合速率没有变化的原因。经长光诱导后，全营养处理的叶片的光合速率明显高于氮亏缺群体叶片。原因是在氮亏缺的条件下，叶片最大羧化速率和最大电子传递速率显著低于营养均衡的叶片。

小麦吸收氮素受多种因素影响，首先受到土壤氮素供给能力的影响。作物体内的氮素主要来自土壤速效氮，不同类型的土壤，其氮素含量差异很大。巴伯（Barber，1995）根据氮素形态和氮的生物有效性将土壤中氮素分为：①有机质中氮素；②土壤溶液中及交换性矿质氮素；③植物残体中氮素；④黏土矿物中固定的氮素；⑤气体氮素。土壤

最大的氮库是有机氮，一般占全氮的 90% 以上。有机氮存在于有机质中，其形态及存在状况是影响土壤氮素有效性的重要因素。而植物直接吸收利用的则主要是土壤无机氮（包括 NH_4^+-N、NO_3^--N），一般仅占全氮的 1% 左右。索珀等（Soper，1971）通过 22 个大麦氮肥试验，证明 0～60 cm 土层 NO_3^--N 含量与吸氮量回归决定系数最高，可用来作为加拿大西部谷类作物供需氮预测依据。土壤速效氮的释放除受土壤质地影响外，还有明显的季节特征。在自然状态下，冬季低温不利于矿质化作用，土壤中交换性 NH_4^+-N 和 NO_3^--N 含量低。随着气温升高，其含量增加。在不施肥的情况下，作物生长期间表土中交换性 NH_4^+-N 和 NO_3^--N 含量随着作物的生长而降低。刘等（Liu，2003）研究表明，在冬小麦季，施用基肥尿素后，由于尿素的快速水解，20 cm 土层 6 天后铵态氮含量达到高峰，然后在 14—21 天（取决于施氮量）内由于硝化作用下降到空白小区水平；拔节期，追施尿素后，由于受较高温度和湿度的影响，铵态氮变化不显著。相比之下，硝态氮在土壤剖面中变化较铵态氮大，硝态氮与铵态氮比例为 10—20 : 1（Miller et al.，2007），各生育时期施肥均会显著增加土壤硝态氮含量；且随着生育时期的推进，硝态氮含量呈下降趋势（石祖梁等，2010）。

氮肥管理模式对氮吸收有重要影响。很多研究表明，随着施氮量的增加，氮肥利用率呈下降的趋势（党廷辉等，2000；刘敏超等，2000），施氮量分别为 225、360、450 kg/ha，氮肥当季利用率分别为 41.80%、33.38% 和 28.27%（朱新开，2006）。不同运筹方式对小麦氮素利用率影响较大。赵广才等（2000）研究表明，氮肥合理运筹可以增加氮的积累量并提高氮肥利用率，以底肥和追肥比例 1 : 1 的氮肥运筹方式小麦植株氮素利用率最高，其次为 3 : 2 的处理。也有研究认为，拔节期是高产冬小麦的"氮肥最大效益期"或称"氮素不足敏感期"，是高产兼优质的施肥期（刘兴海等，1986）。与播种前施用基肥相比，冬小麦生长期间施氮肥的利用效率较高；在小麦拔节期追施的尿素，其氮素损失率明显低于作基肥和三叶期追肥的处理（张绍林等，1988），且以拔节期追氮利用率最高，其次是孕穗肥、基肥，以起身肥氮素利用率最低，气态损失的量最多（曹学昌，1988）。凌启鸿等（1995）认为，拔节后追肥比例提高到 50% 左右，有利于增强抗倒伏能力和创造合理的株型。但也有学者提出前氮后移技术，在施肥不足或土壤肥力较低的情况下，2/3 底施、1/3 拔节期追施，能显著提高氮肥利用率，减少肥料氮的损失，提高产量和改善品质（张翔等，1999）。

四、作物临界氮稀释曲线

临界氮浓度的概念被提出以来，众多学者研究证实，即使植株的生长没有受到氮素的限制，植物体氮浓度也会随干物质的增加而下降，（Caloin，Yu，1986；Greenwood et al.，1990；Tei et al.，1996；Lemaire，Gastal，1997a，b；Le Bot et al.，1998）。这种现象通常是由植株发育直接导致的，并且与基因型有关（Lemaire et al.，2007），表现为在同一环境下不同品种或基因型的植株氮含量有差异，或者同一基因型在不同环境下植株氮含量存在差异（Caloin et al.，1984；Lemaire et al.，1997a，b）。Lemaire 和 Salette（1984）提出了构建苜蓿临界氮稀释曲线的方法：

$$N（\%）=aW^{-b} \tag{1-1}$$

式中，W 代表地上部干物质（单位为 t/ha），N 为地上部氮浓度（%），参数 a 代表当地上部干物质为 1 t/ha 时植株氮浓度，参数 b 描述了氮浓度下降得快慢。根据此模型可以将作物植株氮营养状况分为三种状态：植株氮浓度值坐落在曲线下方，作物生长受到氮素限制；坐落在曲线上方，作物生长不受氮素限制，然而氮素过高会导致氮素损失；当植株氮浓度值恰好坐落在曲线上，则最为适宜。图 1-2 是水稻临界氮稀释曲线氮限制与非限制的示意图（He et al.，2017）。

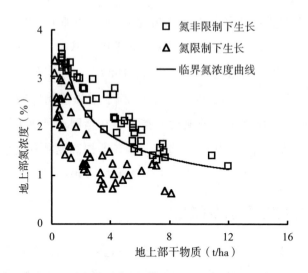

图 1-2 水稻临界氮稀释曲线（He et al., 2017）

根据氮稀释曲线理论，格林伍德（Greenwood，1990）等提出了关于 C_3、C_4 植物临界氮浓度与地上干物质间的通用定量模型，供试 C_3 植物包括紫花苜蓿、酥油草、马铃薯、小麦、豆类、卷心菜、油菜，C_4 植物包括玉米、高粱等。C_3 作物的参数是 $b=0.5$，$a=5.7$；C_4 作物的参数是 $b=0.5$、$a=4.1$；由此可以看出，C_3 作物与 C_4 作物基因型和生长环境不同，但是参数 b 都等于 0.5。事实上以上两模型是在作物生长不受氮素制约条件下构建的，而真正的临界氮稀释模型构建应该考虑氮肥不充足的情况。勒迈尔和加斯塔尔（Lemaire，Gastal，1997）在大量研究基础上，对 Greenwood 的模型系数进行了修正，得到以下定量模型：

$$C_3 \text{植物}: N_c = 4.8 DM^{①-0.34} \tag{1-2}$$

$$C_4 \text{植物}: N_c = 3.6 DM^{-0.34} \tag{1-3}$$

由于植物的干物质和叶片扩张都受到植物生长过程中相同的氮调节过程的影响（Lemaire et al., 2008）。因此，前人对基于叶面积指数

---

① DM 是植株干重（dry matter）的英文简写。

（LAI）的临界氮稀释曲线也进行了很多研究。勒迈尔（Lemaire，2007）等针对玉米、小麦、水稻等作物构建了基于 LAI 的临界氮稀释曲线模型，与基于干物质的模型相比，干物质与氮素积累之间的比例关系要比 LAI 与氮积累之间的关系更稳定。而 Ata-Ul-Karim 等（2014）建立了长江流域水稻的基于 LAI 临界氮浓度模型，且提出了不同于勒迈尔等人的意见，认为 LAI 与氮素积累关系更稳定。赵（Zhao，2014）建立了我国长江中下游地区小麦基于 LAI 的临界氮浓度模型，但是仅描述了开花期以前小麦植株临界氮浓度与 LAI 的异速关系。基于 LAI 的方法要比干物质的方法更容易被人所接受，因为利用遥感技术和其他一些非破坏性手段可以轻松、快速和准确地估计作物 LAI，解决了基于植物干物质的方法在评估作物氮状况方面干物质难以获取的问题。

研究表明，胁迫效应会改变干物质在植物不同部位的分配，因此稀释曲线的形状可能会根据植物器官的不同部位而改变（Kage et al.，2002）。在营养生长过程中，叶片是植物生长的中心，是进行光合作用的重要器官，优化干物质和氮含量在植物不同部位（叶和茎）之间的分配，可以满足叶片的生长需求，因此叶片的氮浓度可能会更稳定。同时，通过遥感可以更方便、快速、可靠地估算叶干物质（Gitelson et al.，2003）。研究表明，叶片器官氮素浓度信息比全株氮素浓度信息更具有准确性和稳定性（Evans，1989）。因此，一些学者构建了基于叶片和茎干物质的临界氮稀释曲线（Yao et al.，2014；Ata-Ul-Karim et al.，2014；薛晓萍等，2007）。结果表明，基于不同器官的临界氮稀释曲线一样可以满足氮素营养诊断的需求，特别是在遥感技术迅速发展的今天，可作为氮素营养诊断的另一个重要手段。苏文楠等（2021）基于叶干物质、茎干物质和植株干重建立了夏玉米的临界氮稀释曲线。研究表明，在一定的条件下，基于叶干物质和茎干物质的临界氮浓度稀释曲线可以代替基于地上部干物质建立的临界氮稀释曲线。Ata-Ul-Karim 等（2017）以粳稻和籼稻的植株干物质、LAI、叶片干物质和茎干物质为指标，建立了不同的氮素稀释曲线。结果表明，基于叶片的方法可以替代基于地上部干物质的方法，表明与其他方法相比，叶片干物质是最适宜构建氮稀释曲线的指标。张（Zhang，2020）等在小麦上也进行了 Ata-Ul-Karim 等（2017）类似的研究，结果不同曲线均可进行诊断预测，但在氮素诊断方面，叶片干物质结果最好，但在产量预测方面，茎干物质的结果最好。以上研究表明，基于不同器官（茎、叶）干物质和 LAI 的临界氮稀释曲线研究有一定的基础，不同方法间也做了比较，但是基于的数据量较少，不能很好地分析不同区域、品种、环境及管理措施的差异以及这些差异的来源。

五、基于氮营养指数的作物氮素诊断

临界氮稀释曲线可为诊断作物氮素营养状况、定量植株氮素需求（Mills et al.，2009；Ata-Ul-Karim et al.，2017a，b）以及氮肥管理决策等（Lemaire et al.，2008）提供重要依据。有人已经尝试将临界氮稀释模型用于确定作物氮素需求量（Lemaire et al.，1989）、计算氮素亏缺和用于包含氮对作物生长、发育和产量品质形成的模型中（Lemaire，Meynard，1997）。

氮素营养指数（nitrogen nutrient index，NNI）是一种源自氮素稀释曲线的作物氮素营养状况指标，定义为作物植株实际氮浓度与临界氮浓度的比值，见公式（1-4）。

$$NNI=N_a/N_c \qquad\qquad (1-4)$$

N_a 为实际氮浓度，N_c 为临界氮浓度。当 $NNI > 1$，作物处于氮素过量状态；当 $NNI < 1$ 时，作物处于氮素亏缺状态（Justes et al.，1994）。NNI 被广泛应用于预测作物生产中的氮素状况、需氮量和推荐施氮量，以及估测粮食产量和品质（Debake et al.，2006；Ata-Ul-Karim et al.，2016a，b；Ata-Ul-Karim et al.，2017a）。这一概念可以有效地区分作物生产中的适宜氮水平、过量氮水平和氮亏缺状态。这些临界氮

浓度曲线量化的氮诊断工具还可以与作物模拟模型集成，有助于进行氮素管理（Zhao et al.，2014）。

然而，NNI 作为一种植株氮营养瞬时值，可能会因施肥或土壤状况变化而产生较大波动（Lemaire et al.，2008），而且以平均 NNI 值来判断植株氮营养将导致对一段时间 N 亏缺后再施肥的作用被低估，因为据此再施肥后作物会有一段时间的氮素奢侈吸收。因此，根据勒迈尔和加斯塔尔（1997b）提出积分 NNI（integrated NNI，NNI_{int}）的概念可以更好地反映作物但营养状况，其计算公式如下：

$$NNI_{int}=1/N\sum NNI_i \times n_i \qquad (1-5)$$

式中，N 代表总持续时间（可以用天数表示或者生长度日表示），NNI_i 为不同取样时期的瞬时氮营养指数值，n_i 为间隔时间。NNI_{int} 能够描述持续一段时间氮素亏缺的程度，当瞬时 NNI 波动很大时，NNI_{int} 表征氮素亏缺会更准确。勒迈尔和加斯塔尔（1997b）建立的收获时期 NNI_{int} 与相对地上部干物重，呈显著的直线关系。NNI_{int} 既避免了瞬时值 NNI 波动性大的问题，也避免了 NNI 平均值对施肥后作物体内氮素被低估的问题。

六、作物临界氮稀释曲线的不确定性

众多学者针对不同作物建立了临界氮稀释模型，包括温带牧草、小麦、水稻、油菜、马铃薯、玉米、卷心菜等（Gholz et al.，1991；Justes，1994；Ney et al.，1997；Sheehy et al.，1998；Colnenne et al.，1998；Tei et al.，2002）。这些研究者对不同作物和基因型的研究表明，模型的参数在不同环境之间和基因型间存在差异。勒迈尔等（1997c）也建议不同作物在不同的环境下构建不同的临界氮浓度模型。

国内外相关学者针对同一作物构建了多个临界氮稀释模型，特别是在水稻、玉米、小麦等作物上，构建了不同地区、品种、管理措施等条件下不同的临界氮稀释曲线。在水稻方面，Ata-Ul-Karim 等（2013）建立了针对中国长江中下游地区粳稻的临界氮浓度模型（$N_c = 3.53W^{-0.28}$），研究结果表明，当干物质 < 1.55 t/ha 时，因植株互不遮阴，生物量增长氮浓度下降不明显，因此氮浓度是比较稳定的，可以作为一个常量，植株氮浓度为 3.05%；当干物质达到 1.55 ～ 12.37 t/ha 时，植株干物质与植株氮浓度存在较好的幂函数关系。何（He）等（2017）利用南方双季稻区早稻、晚稻多个品种试验数据，构建了双季稻的临界氮稀释曲线，表明早稻与晚稻的氮稀释曲线并不一致。黄（Huang）等（2015）建立了黑龙江地区粳稻模型（$N_c = 3.77W^{-0.34}$），然而也与前面两个地区构建的曲线并不一致。此外，希伊（Sheehy）等（1998）构建了东南亚热带地区籼稻的临界氮稀释曲线（$N_c = 5.2W^{-0.5}$），由于生育早期数据的缺失，其早期的恒定氮浓度没有确定。在玉米方面，在我国黄淮海平原、关中地区、东北地区以及西南地区（Yue et al., 2014；安志超等，2019；Li et al., 2012；Chen et al., 2010；Du et al., 2020），加拿大（Ziadi, 2008），法国（Plenet, Lemaire, 2000），以及德国（Herrmann et al., 2004）等地均建立了不同品种的临界氮浓度曲线。但是这些研究报道显示，由于形态和组织学特征不同，不同的作物、品种、地区及年份的临界氮浓度曲线是不同的。

在小麦方面，岳（Yue）等（2012）建立了华北平原小麦氮稀释曲线为 $N_c = 4.15W^{-0.38}$。赵犇等（2012）以长江中下游试验数据建立了小麦地上部干物质临界氮稀释曲线，两个品种分别为扬麦 16 为 $N_c = 4.65DM^{-0.44}$ 和宁麦 13 $N_c = 4.33DM^{-0.45}$，品种间存在一定的差异。岳松华等（2016）和张娟娟等（2017）利用河南的氮肥试验数据，构建了不同小麦品种的临界氮稀释曲线。殷（Yin, 2018）利用我国西北的小麦不同类型氮肥（尿素和缓释氮肥）的试验数据，构建了不同类型氮肥条件下的临界氮稀释曲线。赵（Zhao）等（2020）和郭（Guo）等（2020）使用不同灌溉条件下小麦试验数据重新校准了氮稀释曲线，表明在不同水分条件下，临界氮稀释曲线也存在一定的差异。也就是说，在不同环境胁迫条件下建立的临界氮稀释曲线存在差异。尽管曲线之间存在的差异并不总是反映出各种条件下实际的差异，但也可能反映了模型参数估测的误差（Chen，Zhu，2013）。

因此，应作进一步研究，解释在基因型、环境、管理下的临界氮稀释曲线参数的不确定性，以帮助开发通用的小麦氮素营养诊断工具。马科夫斯基（Makowski）等（2020）提出了分析主要田间作物（小麦、玉米和水稻等）临界氮稀释曲线参数不确定性的方法。该方法基于贝叶斯理论，可以直接从原始生物量和氮浓度测量值对这些曲线进一步拟合。基于该方法可以计算出拟合曲线的置信区间和参数概率分布，可用于比较各种作物、栽培品种及种植制度，并考虑参数估计中的不确定性。钱皮蒂（Ciampitti）等（2021）基于此方法，研究了玉米在不同环境、基因型、管理措施下的基于地上部干物质临界氮稀释曲线的不确定性。然而，在小麦临界氮稀释曲线不确定性方面系统的研究并未见到。利用贝叶斯理论，研究小麦不同区域、年份、品种、氮素水平等条件下氮稀释曲线的不确定性，可为稀释曲线的构建、氮素诊断以及氮肥管理提供支持。

七、基于氮营养指数的作物生长指标及产量估测

利用 NNI 与作物生长变量的关系模型来估测作物生长指标及产量，已在实践中得到应用。Ata-Ul-Karim 等（2014）和姚（Yao）等（2021）分别建立了在粳稻和杂交籼稻基于 LAI 的临界氮稀释曲线，并基于临界氮稀释曲线建立了水稻产量与 NNI 的关系模型，关系稳定，并解释了限制氮对产量的影响，可用于氮肥调控管理和产量预测。苏文楠等（2021）建立了夏玉米相对产量与不同生长阶段 NNI 和累积氮素亏缺的关系。在大喇叭口至抽雄阶段，相对产量与 NNI 和氮需求量的稳定关系很好地解释了在受氮素限制和非氮素限制下相对产量的变化，并对夏玉米产量进行估计。

但是，由于 NNI 反映的是瞬时的作物氮营养状况，对于估测产量的可信度影响较大。当 NNI 波动很大时，利用勒迈尔和加斯塔尔（1997a）提出的积分氮营养指数（NNI_{int}）表征氮素亏缺状况可信度更高，NNI_{int} 与相对地上部干物重呈显著线性关系。卡尔尼（Colnenne）等（1998）建立了油菜的生长速率、LAI、氮素利用率以及产量与 NNI_{int} 的关系模型，用以估测因氮营养亏缺对作物各项生长指标造成的损失。He 等（2017）以六个籼稻品种为试验材料，确定了基于植株干重的临界氮稀释曲线，并建立水稻 NNI_{int} 和相对产量（relative yield, RY）之间的关系，用于水稻当季产量的预测，表现良好。贺志远等（2017）利用无损诊断方法（GreenSeeker）针对中国南方水稻产区构建了双季稻归一化植被指数（normalized difference vegetation index, $NDVI$）和 NNI 关系模型，并发展了不同时期积分 $NDVI$ 与相对产量之间的算法。结果表明，基于积分 $NDVI$ 相对产量的估算模型能够准确地反映作物氮素营养状况和预测产量。杰弗里（Jeuffroy）和克里斯汀（Christine, 1999）利用 NNI 计算了氮营养亏缺的持续时间、强度等指标，类似于 NNI_{int} 的计算方法。研究表明，小麦的籽粒数与氮亏缺的强度与时间的乘积呈线性关系，得到了很好的估测结果。然而，基于 NNI 和 NNI_{int} 与小麦产量结构（穗数、每穗粒数和粒重等）关系模型的研究，还未有系统的报道。

八、研究目的与意义

综上所述，关于小麦临界氮稀释曲线的研究已经很多，在不同地区、品种、氮肥模式等条件下构建了多个临界氮稀释曲线，构建和比较基于地上部干物质、不同器官干物质和 LAI 氮稀释曲线的研究也有不少。然而，前人的研究大多是基于一个地区或者一两个品种构建的临界氮稀释曲线，而不同条件下建立的临界氮稀释曲线存在一定的不确定性，需要进一步认识和定量这种不确定性，分析不确定性的来源。同时，很少有研究综合分析大量且严格的氮肥试验数据（至少四个氮肥水平、三次重复，营养生长期进行四次以上取样获取地上部、器官干物质、LAI 和氮含量数据）；另外，临界氮稀释曲线的构建方法也可以探讨，是否存在综合不同指标优点的构建方法；基于 NNI 估测生长参数和产量的研究已经有一定的基础，定量评估产量结构的研究还未见到。

因此，本研究的目的是针对既往研究中存在的问题，在中国的黄河流域和长江流域两个小麦生态产区，实施不同施氮水平和施氮模式田间试验，结合已有的小麦品种、氮素大田试验历史资料，综合基于地上部干物质和基于 LAI 的小麦临界氮稀释曲线的优点，构建 LAD 的小麦临界氮稀释曲线；研究氮对小麦产量形成的影响机制，发展小麦籽粒产量及产量结构与不同生育阶段 NNI_{int} 之间的定量关系，并比较 NNI 和 NNI_{int} 关系的预测精度；评估比较不同试验条件下建立的基于地上部、器官干物质和 LAI 的临界氮稀释曲线的统计差异，分析不同基因型、生长环境、管理方案条件下不同临界氮稀释曲线参数的差异来源，以期为氮素营养精确诊断、高产高效氮肥管理调控、小麦生产力预测和实现小麦数字化管理，提供理论依据和技术支撑。

第二章 氮肥调控水平下，小麦干物质分配动态及氮肥生产力

本研究基于长江流域（仪征）和黄河流域（新乡）两地小麦产区不同氮肥模式控制田间试验结果，模拟了小麦植株干物质分配。结果表明，在不同的氮肥模式下，光合器官（绿叶）干重占地上部比例在相对生长度日（relative grouth degree day，$RGDD$）≥ 0.35 时，均呈对数函数递减趋势：PI[叶片]$=-0.53\ln(RGDD)-0.0356$（$R^2=0.974$），且处理间差异不显著；地上部非光合器官的分配指数（PI[非光合器官]）$=1-PI$[叶片]（$RGDD≥0.35$）；茎鞘（包括枯黄叶片）在非光合器官中的分配指数（PI[茎鞘]）呈幂函数递减趋势：PI[茎鞘]$=0.3468\,RGDD^{-1.981}$（$R^2=0.9482$），且处理间差异不显著；穗部在非光合器官中的分配指数（PI[穗]）$=1-PI$[茎鞘]；颖壳（包括穗轴）在穗干重中的分配指数（PI[颖壳]）呈幂函数递减趋势：PI[颖壳]$=0.1706\,RGDD^{-3.685}$（$R^2=0.9588$），且处理间差异不显著；籽粒在穗干重中的分配指数（PI[籽粒]）$=1-PI$[颖壳]。随着施氮量从 75 kg/ha 增加到 300 kg/ha，氮肥偏生产力由 90 kg/kg 以上下降到 30 kg/kg 以下；

施氮量达到 225 kg/ha 和 300 kg/ha 水平时，不同基追比处理表现为：均衡供应基肥和追肥氮，氮肥偏生产力均相对较高；不同追肥时间处理之间则表现为氮肥重心后移至孕穗时，氮肥偏生产力显著下降，高氮水平下施氮时间从倒 3 叶推迟到倒 2 叶，氮肥生产力不降或下降不明显。

一、引言

作物产量的形成过程始于通过光合作用对大气 CO_2 的同化过程，实质上是由光合作用驱动的能量吸收转换与物质转移分配的一个复杂系统过程。也就是说，作物生产是由光合作用驱动的一个系统过程，这个过程中的关键因素包括：一是对光合有效辐射（PAR400 ～ 700 nm 光波）的截获，二是能量的吸收转化，三是物质同化积累与分配生长，四是生命单位的维持（欧阳兰等，2012）。如何促使作物充分利用照射到地面的太阳辐射能进行光合作用、提高作物辐射能利用效率，是增加作物产量的一个根本问题。作物产量的形成过程，受多种生态环境因子和生长生理因子影响。根据生态限制因子对作物生理过程和生产系统的影响，按照产量递减的顺序，可以把作物生产系统分为光温潜力、水分限制、氮素调控、磷钾等养分调控和病虫草害等生物灾害的影响 5 个生产水平（曹卫星等，2008）。本研究即基于氮素调控生产水平展开小麦干物质分配动态模拟及氮肥生产力研究。

二、本章涉及的试验

本研究共设 3 个小麦田间试验，涉及不同地点、年份、品种类型和施氮水平。

试验 1：施氮量 × 基追比试验

该试验于 2010—2011 年在仪征新集试验站（32°16' N，119°10' E）进行。试验田土壤有机质为 14.26 g/kg，碱解氮为 90.64 mg/kg，有效磷为 45.46 mg/kg，速效钾为 87.23 mg/kg 。试验采用裂区设计，主区因素为两个施氮量水平：225 kg/ha（N1）和 300 kg/ha（N2）；副区因素设置为 5 个不同氮肥基追比：3∶7（R1）；4∶6（R2）；5∶5（R3）；6∶4（R4）；7∶3（R5），重复 3 次，每次重复设置一个不施氮肥的空白小区，每小区面积为 24 m²（3 m×8 m）。供试品种为扬麦 16（YM16，蛋白质含量为 14.2%），11 月 8 日播种，播种方式为条播。每个处理将 120 kg/ha 磷肥（P_2O_5）、150 kg/ha 钾肥（K_2O）作为基肥。其他栽培管理措施同一般高产田。

试验 2：施氮量 × 基追比 × 追氮时期试验

该试验于 2010—2011 年在仪征新集试验站（32°16' N，119°10' E）进行。试验采用裂区设计，主区因素为两个施氮量水平：225 kg/ha（N1）和 300 kg/ha（N2）；副主区因素为不同基追比处理：4∶6（R1）和 6∶4（R2）；副区因素为 3 个不同追施氮肥时期：倒 3 叶（T1）、倒 2 叶（T2）、倒 1 叶（T3）；3 次重复，每次重复设置一个不施肥的空白小区，每小区面积为 24 m²（4 m×6 m）。试验田 0～40 cm 土壤有机质为 13.5 g/kg，碱解氮为 96.45 mg/kg，有效磷为 43.01 mg/kg、速效钾为 83.25 mg/kg。供试品种为扬麦 16（YM16，蛋白质含量为 14.2%），11 月 7 日播种，播种方式为条播。每个处理将 120 kg/ha 磷肥（P_2O_5）、150 kg/ha 钾肥（K_2O）作为基肥。其他栽培管理措施同一般高产田。

试验 3：氮肥 × 基追比 +^{15}N 示踪试验

该试验于 2011—2012 年在中国新乡（35°11' N，113°48' E）进行。试验田土壤为沙壤土，0～20 cm 土壤有机质为 15.7 g/kg，全氮含量为 1.45 g/kg，有效磷为 67.54 mg/kg、速效钾为 87.43 mg/kg。供试品种为矮抗 58（AK58，蛋白质含量为 14.48%），试验采用裂区设计，主区因素为 5 个施氮量水平：0（N0）、75（N1）、150（N2）、225（N3）和 300 kg/ha（N4）；副区因素为 3 个不同氮肥基追比处理：3.5∶6.5（R1）、5∶5（R2）和 6.5∶3.5（R3），追肥在拔节期施入。试验设 3 次重复，每小区面积为 24 m²，10 月 19 日播种，播种方式为条播，行距为 25 cm，

基本苗为 300×10^4 株 /ha。每个处理将 150 kg/ha 磷肥（P_2O_5）、150 kg/ha 钾肥（K_2O）作为基肥整地施入。其他栽培管理措施同当地一般高产田。

^{15}N 同位素示踪方法

2011—2012 年在试验 3 的基础上增加铁皮微区：在施氮肥小区设置 2 个微区，微区规格为长 0.5 m、宽 0.2 m、高 0.5 m、厚 1.5 mm 的无底镀锌铁皮桶。播种前将铁皮桶嵌入土壤，露出地面 8 cm，以防 ^{15}N 随水流出或外部氮进入微区。微区内小麦株距与微区外小区内小麦行距相同。施肥时期及施肥量与微区外小区内普通氮肥的施肥时期及施肥量相同。同一小区设置的 2 个微区中，一个微区内基肥使用 ^{14}N，另一个微区内追肥使用 ^{15}N。收获后按器官分样磨粉送检。

三、结果分析

1. 不同施氮模式下，小麦干物质分配动态

在研究干物质分配动态时，将地上部分分为光合器官（绿叶）和非光合器官（地上除绿叶以外的部分），再将非光合器官分为茎鞘（包括枯黄叶片）和穗子两部分，最后将穗子分为籽粒和颖壳（包括穗轴）两部分。

两地 3 个试验数据表明，不同氮肥模式下，绿叶干重占地上部比例，在 $RGDD \geqslant 0.35$ 时，均呈对数函数递减趋势，且处理间差异不明显。根据试验 1 结果：叶片分配指数（PI［叶片］)=$-0.532\ln(RGDD)-0.0356$（$R^2=0.974$）；根据试验 2 结果：叶片分配指数（PI［叶片］）$=-0.523\ln(RGDD)-0.0331$（$R^2=0.9812$）；根据试验 3 结果：叶片分配指数（PI［叶片］)=$-0.529\ln(RGDD)-0.0334$（$R^2=0.9735$）。3 个试验数据拟合的结果也非常接近在 $RGDD < 0.35$ 绿叶干重占比值且较稳定，所以取 $RGDD=0.35$ 时的值（图 2-1）。

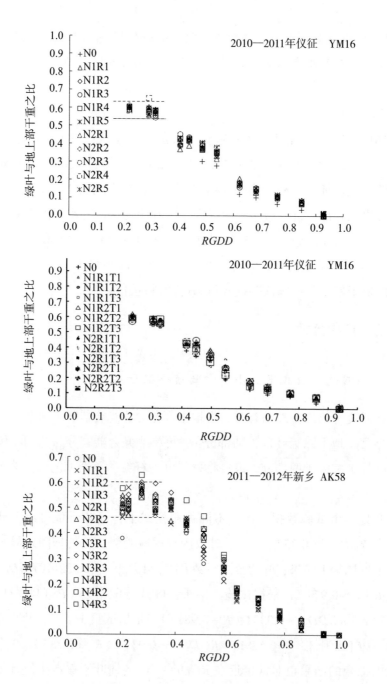

图 2-1　不同氮肥模式下，小麦绿叶与地上部干重之比的动态变化情况

绿叶在地上部器官中的分配指数即可表示为：

PI [叶片]$=-0.53\ln 0.35-0.0356$　　$RGDD < 0.35$

PI [叶片]$=-0.53\ln（RGDD）-0.0356$　　$RGDD \geqslant 0.35$。

那么，地上部非光合器官的分配指数（PI [非光合器官]）$=1-PI$ [叶片]（图2-2）。

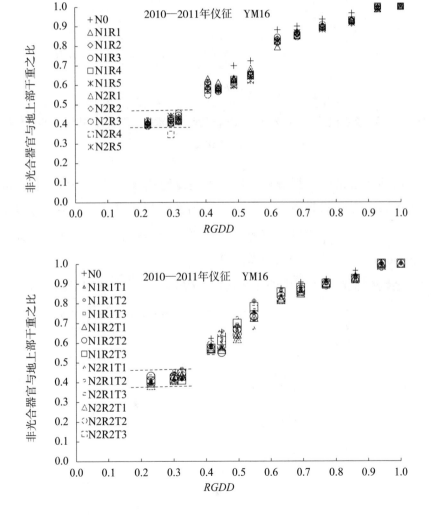

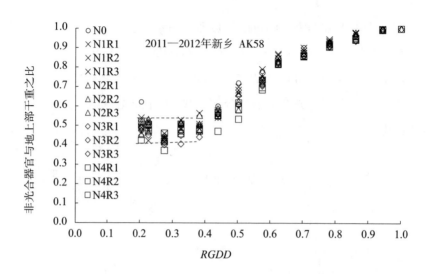

图 2-2　不同氮肥模式下，小麦地上非光合器官（除绿叶外器官）与地上干重之比的
动态变化情况

两地 3 个试验数据分析表明，不同氮肥模式下茎鞘（包括枯黄叶片）干重占非光合器官比例，均呈幂函数递减趋势，且处理间差异不明显。根据试验 2 结果：茎鞘干物质分配比例对 $RGDD$ 拟合方程为 $y=0.3468x^{-1.981}$（$R^2=0.9482$，图 2-3）。

茎鞘在非光合器官中的分配指数（PI［茎鞘］）$= 0.3468RGDD^{-1.981}$。

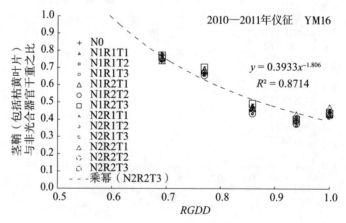

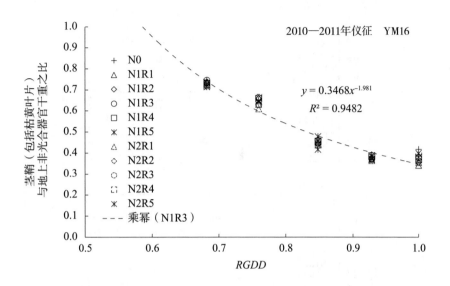

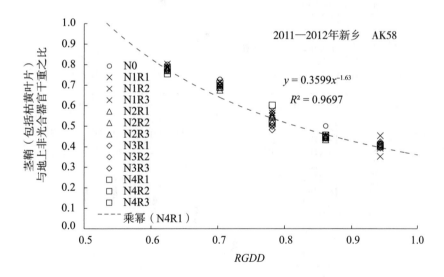

图 2-3　小麦茎鞘（包括枯黄叶片）与地上非光合器官干重之比的动态变化情况

那么，穗部在非光合器官中的分配指数（PI[穗]）$=1-PI$[茎鞘]（图 2-4）。

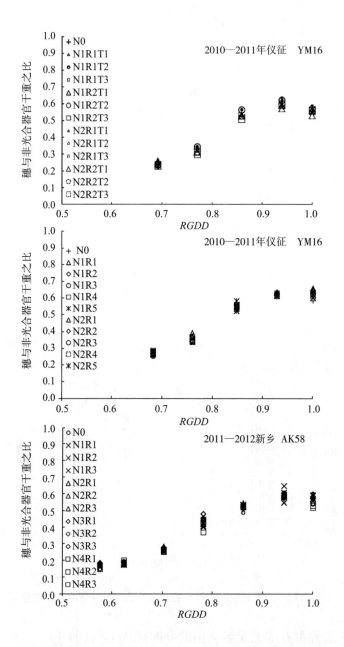

图 2-4　不同氮肥模式下，小麦穗与地上非光合器官干重之比的动态变化情况

两地三个试验数据分析表明，不同氮肥模式下颖壳（包括穗轴）干重占穗干重比例，均呈幂函数递减趋势，且处理间差异不明显。根据试验3结果：颖壳干重分配比例对 $RGDD$ 拟合方程为 $y=0.1706x^{-3.685}$（$R^2=0.9588$，图2-5）。

颖壳在穗干重中的分配指数（ PI [颖壳] ）$= 0.1706RGDD^{-3.685}$。

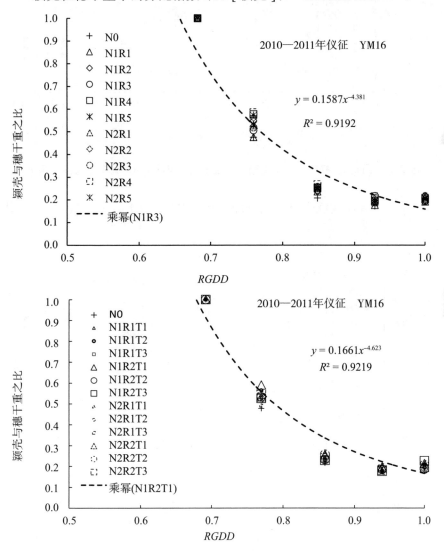

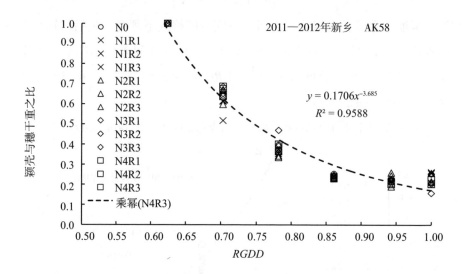

图 2-5　不同氮肥模式下，小麦颖壳（含穗轴）与穗干重之比的动态变化情况

　　那么，籽粒在穗干重中的分配指数（PI[籽粒]）= $1-PI$[颖壳]（图 2-6）。

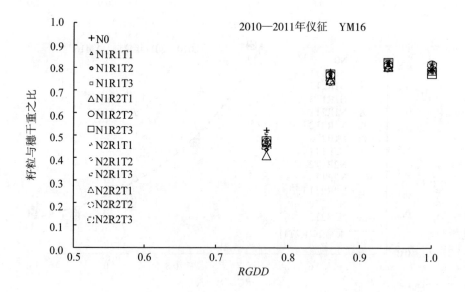

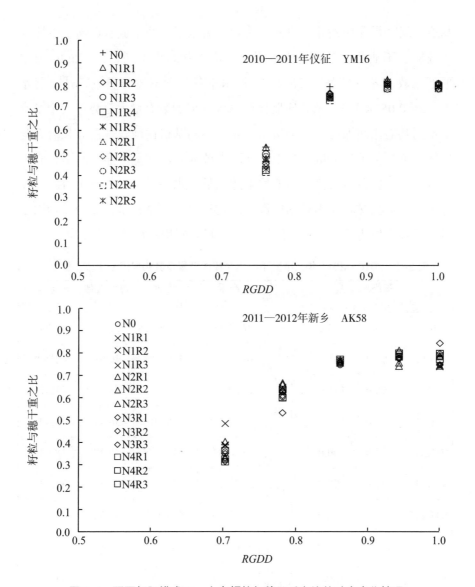

图 2-6　不同氮肥模式下，小麦籽粒与穗干重之比的动态变化情况

2. 不同施氮模式下，小麦产量比较分析

检验结果显示，从试验 1 方差分析结果看，两个高氮水平下，各种

基追比间产量存在差异，但并未达到显著水平，两个氮水平与基追比互作效应也不显著；对产量构成因子效应检验结果不同，300 kg/ha 氮水平下穗数差异不显著，225 kg/ha 氮水平基追比间差异更大，达显著水平（$\alpha= 0.05$ 水平），随着底肥比例增大，成穗数有增大趋势；两个氮水平不同基追比间穗粒数差异均不显著；不同基追比间粒重差异显著，与穗数呈负相关关系。试验 2 中 3 种因素穗数效应均呈极显著水平，其对穗数交互效应在本试验条件下均未达到显著水平；氮量、追肥时间以及氮量与基追比交互作用对穗粒数效应均达显著水平；试验 2 中 3 种因素对粒重效应均达显著水平，但相互间交互效应均不显著（表 2-1）。

表 2-1　2010—2011 年，小麦不同施氮模式产量及其构成因子比较（仪征）

编号	基肥（kg/ha）	追肥（kg/ha）	追肥时间	产量（kg/ha）	穗数（10000/ha）	每穗粒数（粒）	千粒重（g）
N0	0.0	0.0	—	3644.13[f]	281.67[g]	27.79[d]	40.73[bc]
N1R1T1	90.0	135.0	小麦倒3叶期	6996.83[cd]	428.33[de]	40.63[b]	40.20[cd]
N1R1T2	90.0	135.0	小麦倒2叶期	6520.97[de]	381.33[e]	41.30[ab]	41.37[bc]
N1R1T3	90.0	135.0	小麦倒1叶期	6027.23[e]	356.00[e]	36.94[c]	45.80[a]
N1R2T1	135.0	90.0	小麦倒3叶期	6886.53[dc]	441.67[cd]	40.37[b]	38.64[def]
N1R2T2	135.0	90.0	小麦倒2叶期	7072.73[c]	423.33[d]	42.50[ab]	39.72[cde]
N1R2T3	135.0	90.0	小麦倒1叶期	7097.30[c]	415.33[de]	40.36[b]	42.36[b]
N2R1T1	120.0	180.0	小麦倒3叶期	8066.87[ab]	503.00[ab]	41.84[ab]	38.38[ef]
N2R1T2	120.0	180.0	小麦倒2叶期	7427.17[bc]	410.67[de]	43.80[a]	41.39[bc]
N2R1T3	120.0	180.0	小麦倒1叶期	7596.20[bc]	415.33[de]	41.42[ab]	44.17[a]
N2R2T1	180.0	120.0	小麦倒3叶期	8288.33[a]	542.67[a]	41.41[ab]	36.94[f]
N2R2T2	180.0	120.0	小麦倒2叶期	7494.20[abc]	492.67[b]	41.62[ab]	37.88[f]

续表

编号	基肥 （kg/ha）	追肥 （kg/ha）	追肥时间	产量 （kg/ha）	穗数 （10000/ha）	每穗粒数 （粒）	千粒重 （g）
N2R2T3	180.0	120.0	小麦 倒1叶期	8009.37[ab]	481.33[bc]	40.65[b]	40.99[bc]
N0	0.0	0.0	—	3580.07[b]	278.33[d]	31.80[b]	40.50[a]
N1R1	67.5	157.5	小麦 倒3叶期	6989.63[a]	401.00[c]	43.34[a]	40.22[ab]
N1R2	90.0	135.0	小麦 倒3叶期	7605.13[a]	443.00[ab]	43.13[a]	39.82[ab]
N1R3	112.5	112.5	小麦 倒3叶期	7474.83[a]	442.67[abc]	42.32[a]	39.36[abcde]
N1R4	135.0	90.0	小麦 倒3叶期	7043.63[a]	419.33[bc]	42.54[a]	39.51[abcd]
N1R5	157.5	67.5	小麦 倒3叶期	7195.70[a]	432.00[abc]	42.10[a]	39.58[abc]
N2R1	90.0	210.0	小麦 倒3叶期	7694.97[a]	447.00[abc]	43.55[a]	38.41[cdef]
N2R2	120.0	180.0	小麦 倒3叶期	7483.33[a]	454.33[abc]	43.09[a]	39.07[bcde]
N2R3	150.0	150.0	小麦 倒3叶期	7704.47[a]	464.67[ab]	43.43[a]	38.19[def]
N2R4	180.0	120.0	小麦 倒3叶期	7756.17[a]	485.67[a]	42.62[a]	37.61[f]
N2R5	210.0	90.0	小麦 倒3叶期	7760.93[a]	479.00[a]	42.67[a]	38.02[ef]

注：不同小写字母表示显著性差异，下同。

Fisher's LSD 在 $\alpha= 0.05$ 水平上进行不同氮肥模式均值多重比较。产量线性模型 $R^2=0.8884$。

2011—2012 年试验结果见表 2-2。该试验条件下，不同氮肥基追比对产量效应差异不显著，且二者对产量交互效应差异不显著；施氮量和基追比对穗数效应差异均显著，但二者对穗数的交互效应差异不显著；

施氮量对穗粒数效应差异显著，基追比和施氮量对穗粒数交互效应不显著；施氮量对粒重效应差异显著，基追比和施氮量对粒重交互效应差异不显著。

表2-2 2011—2012年，不同施氮模式下，小麦产量及其构成因子间差异（新乡,AK58）

编号	基肥氮（kg/ha）	追肥氮（kg/ha）	产量（kg/ha）	穗数（10000/ha）	每穗粒数（粒）	千粒重（g）
N0	0.00	0.00	4916.43[e]	428.08[e]	25.51[d]	43.79[a]
N1R1	26.25	48.75	7209.35[d]	539.33[d]	32.03[abc]	41.73[bc]
N1R2	37.50	37.50	7303.55[d]	555.83[cd]	31.43[bc]	41.82[bc]
N1R3	48.75	26.25	7220.40[d]	567.00[c]	30.84[c]	41.26[bcd]
N2R1	52.50	97.50	7893.71[cd]	592.67[b]	32.54[abc]	40.93[bcd]
N2R2	75.00	75.00	7861.86[cd]	600.58[b]	31.65[abc]	41.36[bc]
N2R3	97.50	52.50	7802.52[cd]	606.92[b]	31.14[c]	41.28[bc]
N3R1	78.75	146.25	9066.76[ab]	638.25[a]	33.76[ab]	42.09[ab]
N3R2	112.50	112.50	9161.36[a]	646.00[a]	34.00[a]	41.74[bc]
N3R3	146.25	78.75	8719.91[ab]	655.75[a]	32.27[abc]	41.17[bcd]
N4R1	105.00	195.00	8319.92[bc]	637.00[a]	33.08[abc]	39.46[d]
N4R2	150.00	150.00	8934.52[ab]	647.83[a]	33.73[ab]	40.93[bcd]
N4R3	195.00	105.00	8475.28[abc]	650.83[a]	32.32[abc]	40.26[cd]

3.不同施氮模式对小麦氮肥生产力的影响

图 2-7 显示，随施氮量从 75 kg/ha 增加到 300 kg/ha，氮肥偏生产力由 90 kg/kg 以上下降到 30 kg/kg 以下；施氮量达到 225 kg/ha 和 300 kg/ha 水平时，不同基追比处理表现为：均衡供应基肥和追肥氮，氮肥偏生产力均相对较高；不同追肥时间处理则表现为氮肥重心后移至孕穗，氮肥偏生产力显著下降，高氮水平下施氮时间从倒 3 叶推迟到倒 2 叶，氮肥生产力不降或下降不明显。

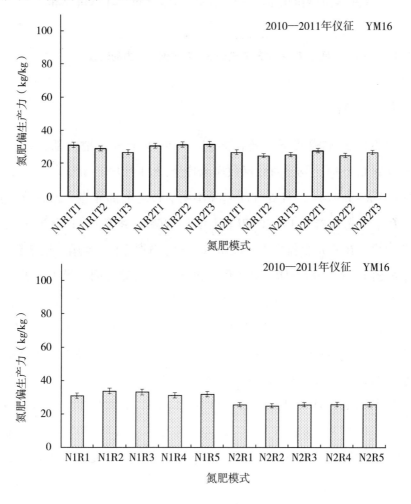

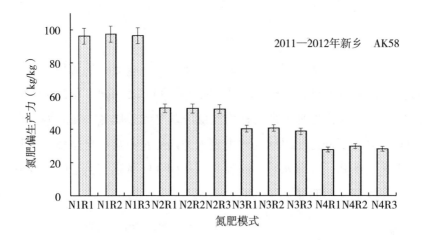

图 2-7　不同施氮模式下，氮肥偏生产力的比较

四、小结

在不同氮肥模式下，光合器官（绿叶）干重占地上部比例，在 $RGDD \geqslant 0.35$ 时，均呈对数函数递减趋势：PI [叶片]$=0.53\ln(RGDD)-0.0356$（$R^2=0.974$），且处理间差异不明显；地上部非光合器官分配指数（PI [非光合器官]）$=1-PI$ [叶片]（$RGDD \geqslant 0.35$）；茎鞘（包括枯黄叶片）在非光合器官中分配指数（PI [茎鞘]）呈幂函数递减趋势：PI [茎鞘]$= 0.3468RGDD^{-1.981}$（$R^2=0.9482$），且处理间差异不显著；穗部在非光合器官中的分配指数（PI [穗]）$=1-PI$ [茎鞘]；颖壳（包括穗轴）在穗干重中的分配指数（PI [颖壳]），呈幂函数递减趋势：PI [颖壳]$= 0.1706RGDD^{-3.685}$（$R^2=0.9588$），且处理间差异不显著；籽粒在穗干重中的分配指数（PI [籽粒]）$= 1-PI$ [颖壳]。

随着施氮量从 75 kg/ha 增加到 300 kg/ha，氮肥偏生产力由 90 kg/kg 以上下降到 30 kg/ha 以下；施氮量达到 225 kg/ha 和 300 kg/ha 水平时，不同基追比处理表现为，均衡供应基肥和追肥氮，氮肥偏生产力均相对较高；不同追肥时间处理之间则表现为氮肥重心后移至孕穗时氮肥偏生产力显著下降，高氮水平下施氮时间从倒 3 叶推迟到倒 2 叶，氮肥生产力不降或下降不明显。

第三章　小麦农田系统氮素动态平衡及氮肥利用率

　　本章基于长江流域（仪征）和黄河流域（新乡）两个小麦产区进行多个不同氮肥模式控制的田间试验，结合 ^{15}N 微区试验结果，研究了小麦农田系统（ 0 ～ 60 cm 土壤 + 小麦植株）不同阶段氮素动态平衡、氮素吸收效率、氮肥利用效率和氮肥生产力。结果表明，随着施氮水平的提高，整个生育期地上部回收氮肥比例下降明显，新乡试验点施氮量从 75 kg/ha 增长到 300 kg/ha，回收氮占肥料氮比例由 200% 以上下降到 80% 以下；仪征试验点由于施肥处理均为高氮水平，所以均在 82% 以下；两试验点不同的是，在 225 kg/ha 和 300 kg/ha 施氮水平，因基础地力、生态条件、选用品种和施肥模式存在差异，新乡试验点回收率分别为 94.70% ～ 107.32% 和 76.31% ～ 83.80%，明显高于仪征试验点（分别为 67.58% ～ 80.69% 和 63.72% ～ 81.49%）。两地不同氮肥模式各阶段积累氮量呈现一致趋势，拔节以前小麦吸收氮占总积累氮的比例大多在 22% 至 35% 之间波动；拔节至开花吸收氮占总积累氮的比例在 35% 至 55% 之间波动；开花以后吸收氮在 20% 至 40% 之间波动。随着底肥用量增加，3个试验均呈现拔节期土壤存留硝态氮呈增多的趋势，同时随着底肥量的增大，系统氮损失量增大，超过一定量后，损失量有加速增大的趋势。在225 kg/ha施氮水平以下，新乡点氮吸收效率均在100%以上，仪征点也在80%以上。在高氮水平下，两个试验点均显示为底肥氮和追肥氮用量相对均衡条件下，氮肥贡献率和氮肥生产力较高，追肥时间从倒3叶至倒1叶，氮肥利用率和生产力明显下降，氮损失率明显增加。

一、引言

农田系统养分循环和平衡是影响作物农田系统生产力和环境的重要因素，也是农业、生态和环境科学研究中的核心问题（Paoletti et al.，1993；Drrinkwater，Snapp，2007）。氮素是对作物生长及其生产力影响巨大的元素之一，但世界上大部分土壤自身的供氮量不能满足高强度农业生产的需求（朱兆良，文启孝，1992），施肥就成为实现作物高产的重要手段。土壤养分循环与产量及土壤肥力关系，也一直是作物农田系统研究的重点。2008年，全世界氮肥用量为9900余万吨（以纯氮计），而我国当年氮肥用量超过了3300万吨，占全球总量的1/3，是世界上施用氮肥最多的国家[联合国粮食及农业组织（Food and Agriculture Organization of United Nations，FAO），2008]。但是，我国氮肥利用率很低，主要粮食作物氮肥利用率仅有28% ～ 41%（朱兆良，2008；张福锁等，2008）。因此，研究农田系统氮素动态平衡，对农田氮肥进行动态科学管理，对在保障粮食安全的同时，提高氮肥利用率、减少对环境的破坏具有重要意义。

二、本章涉及的试验

本章涉及的试验信息见第二章。

三、结果分析

1. 不同施氮模式下，小麦农田系统全生育期氮平衡

差值计算式：$R=(H-H_0)/F$；比值法算式：$R=H/(H_0+F)$；R 为氮肥利用率；H_0 为不施氮肥作物吸氮量；H 为施氮作物吸氮量；F 肥料氮用量。

从表 3-1～表 3-6 可以看出，随着施氮水平的提高，冠层回收氮肥比例下降明显，黄淮生态麦区新乡试验点施氮量从 75 kg/ha 增长到 300 kg/ha，冠层回收氮占肥料氮比例由 200% 以上下降到 80% 以下；长江流域仪征试验点，由于施肥处理均为高氮水平，所以均在 82% 以下。两试验点不同的是，在 225 kg/ha 和 300 kg/ha 施氮水平，试验点基础地力、生态条件、选用品种和施肥模式存在差异，新乡试验点回收率分别为 94.70%～107.32% 和 76.31%～83.80%，明显高于仪征试验点（分别为 67.58%～80.69% 和 63.72%～81.49%）。但从 [15]N 标记试验结果看，回收肥料氮的比例均在 45% 以下；随着施氮量增加，回收氮中肥料氮所占的比例在增加，当施氮量达到 225 kg/ha 时，和 300 kg/ha 处在一个水平上。从表 3-7 可以看出，3 种氮肥利用率的算法结果存在差异，但反应的趋势是一致的。由此可知，一方面，增施氮肥刺激土壤氮的回收；另一方面，在目前的生产水平下，施氮量达到 225 kg/ha，接近小麦利用氮的临界状态，再增施氮肥只会加重氮的流失。

从图 3-1 可看出，施氮量在 225 kg/ha 水平时，氮供求接近均衡状态。氮施肥模式不当，即底肥和追肥差距较大会增大氮肥流失。当施氮量在 300 kg/ha 水平时，氮回收量增加不明显，系统氮的流失显著增加，而且随着施氮时间的后移，流失量也随之增大。施氮后移比例过大也会大幅度增加氮的流失，而随着底肥比例增大，收获后土壤残留硝态氮增多，且两地呈现出一致的趋势。

表3-1　2010—2011年，小麦农田系统全生育期氮收支清单（仪征）

编号	产量（kg/ha）	0～60 cm土壤基础全氮（kg/ha）	基肥输入氮（kg/ha）	追肥输入氮（kg/ha）	播种输入氮（kg/ha）	土壤基础硝态氮（kg/ha）	小麦秸秆积累氮（kg/ha）	小麦籽粒积累氮（kg/ha）	0～60 cm土壤硝态氮存量（kg/ha）	土壤子系统硝态氮平衡（kg/ha）	小麦子系统氮平衡（kg/ha）	系统投入与回收氮平衡（kg/ha）
N0	3644.13	94.29	0.0	0.0	3.52	32.92	15.44	56.35	32.08	-0.84	68.27	-67.43
N1R1T1	6996.83	94.29	90.0	135.0	3.52	32.92	38.65	127.71	56.09	13.83	162.84	38.99
N1R1T2	6520.97	94.29	90.0	135.0	3.52	32.92	47.35	118.37	66.42	33.50	162.20	29.30
N1R1T3	6027.23	94.29	90.0	135.0	3.52	32.92	35.81	119.77	75.50	42.58	152.06	30.36
N1R2T1	6886.53	94.29	135.0	90.0	3.52	32.92	48.83	130.78	53.77	20.85	176.09	28.06
N1R2T2	7072.73	94.29	135.0	90.0	3.52	32.92	45.44	139.63	67.16	32.24	181.55	9.21
N1R2T3	7097.30	94.29	135.0	90.0	3.52	32.92	49.27	124.65	56.80	23.88	170.40	30.72

续表

编号	产量（kg/ha）	0~60 cm 土壤基础全氮（kg/ha）	基肥输入氮（kg/ha）	追肥输入氮（kg/ha）	播种输入氮（kg/ha）	土壤基础硝态氮（kg/ha）	小麦秸秆累积氮（kg/ha）	小麦籽粒积累氮（kg/ha）	0~60 cm 土壤硝态氮存量（kg/ha）	土壤子系统硝态氮平衡（kg/ha）	小麦子系统氮平衡（kg/ha）	系统投入与回收氮平衡（kg/ha）
N2R1T1	8066.87	94.29	120.0	180.0	3.52	32.92	66.29	151.98	69.16	36.24	214.75	49.01
N2R1T2	7427.17	94.29	120.0	180.0	3.52	32.92	59.10	148.23	70.83	37.91	203.81	58.28
N2R1T3	7596.20	94.29	120.0	180.0	3.52	32.92	45.82	153.61	129.64	96.72	195.91	7.37
N2R2T1	8288.33	94.29	180.0	120.0	3.52	32.92	83.23	164.76	54.68	21.76	244.47	33.77
N2R2T2	7494.20	94.29	180.0	120.0	3.52	32.92	54.96	157.86	59.24	26.32	209.30	64.38
N2R2T3	8009.37	94.29	180.0	120.0	3.52	32.92	57.74	162.40	112.75	79.83	216.62	3.55
N0	3580.07	94.29	0.0	0.0	3.52	29.33	13.13	43.70	25.12	-7.21	53.31	-49.10
N1R1	6989.63	94.29	67.5	157.5	3.52	29.33	27.85	131.07	45.12	12.79	155.40	53.81
N1R2	7605.13	94.29	90.0	135.0	3.52	29.33	33.50	151.42	42.62	10.29	181.40	30.31
N1R3	7474.83	94.29	112.5	112.5	3.52	29.33	36.03	146.72	45.18	12.85	179.23	29.92

续表

编号	产量（kg/ha）	0~60 cm土壤基础全氮（kg/ha）	基肥输入氮（kg/ha）	追肥输入氮（kg/ha）	播种输入氮（kg/ha）	土壤基础硝态氮（kg/ha）	小麦秸秆积累氮（kg/ha）	小麦籽粒积累氮（kg/ha）	0~60 cm土壤硝态氮存量（kg/ha）	土壤子系统硝态氮平衡（kg/ha）	小麦子系统氮平衡（kg/ha）	系统投入与回收氮平衡（kg/ha）
N1R4	7043.63	94.29	135.0	90.0	3.52	29.33	37.43	145.60	65.80	33.47	179.51	9.02
N1R5	7195.70	94.29	157.5	67.5	3.52	29.33	41.86	132.81	54.22	21.89	171.15	28.96
N2R1	7694.97	94.29	90.0	210.0	3.52	29.33	46.61	160.93	115.23	82.90	204.02	10.08
N2R2	7483.33	94.29	120.0	180.0	3.52	29.33	44.88	149.80	91.63	59.30	191.16	46.54
N2R3	7704.47	94.29	150.0	150.0	3.52	29.33	47.44	177.02	121.36	89.03	220.94	-12.97
N2R4	7756.17	94.29	180.0	120.0	3.52	29.33	49.43	166.39	65.75	33.42	212.30	51.28
N2R5	7760.93	94.29	210.0	90.0	3.52	29.33	45.99	155.24	52.45	20.12	197.71	79.17

表 3-2 新乡试验点不同氮管理条件下的小麦农田系统吸氮量、残留土壤肥料氮量

编号	基肥施氮量 (kg/ha)	追肥施氮量 (kg/ha)	小麦吸氮量 (kg/ha)	小麦吸收标记氮 (kg/ha)			小麦吸收非标记氮 (kg/ha)	残留标记氮 (kg/ha)			小麦农田系统损失的氮肥氮 (kg/ha)	小麦农田系统氮肥氮残留率 (%)	小麦农田系统氮肥氮损失率 (%)
				基肥氮	追肥氮	合计		基肥	追肥	合计			
N0	—	—	105.48	—	—	—	105.48	—	—	—	0.00	—	—
N1R1	26.25	48.75	172.76	5.56	23.74	29.30	143.46	13.06	21.43	34.49	11.21	45.99	14.95
N1R2	37.50	37.50	159.76	10.84	15.62	26.46	133.30	11.40	27.46	38.86	9.68	51.81	12.91
N1R3	48.75	26.25	176.39	11.51	16.00	27.51	148.88	9.75	29.02	38.76	8.73	51.68	11.64
N2R1	52.50	97.50	185.26	12.49	38.96	51.45	133.81	19.17	29.23	48.40	50.15	32.27	33.43
N2R2	75.00	75.00	207.72	17.85	39.10	56.96	150.76	19.51	39.17	58.68	34.36	39.12	22.91
N2R3	97.50	52.50	180.76	20.03	24.23	44.26	136.50	10.65	33.14	43.80	61.94	29.20	41.29
N3R1	78.75	146.25	249.21	23.24	74.05	97.29	151.92	37.98	48.12	86.10	41.61	38.27	18.49
N3R2	112.50	112.50	260.35	33.42	54.87	88.30	172.05	24.93	60.94	85.87	50.83	38.16	22.59
N3R3	146.25	78.75	232.39	44.24	29.85	74.09	158.30	21.37	30.96	52.33	98.58	23.26	43.81

续表

编号	基肥施氮量(kg/ha)	追肥施氮量(kg/ha)	小麦吸氮量(kg/ha)	小麦吸收标记氮(kg/ha)			小麦吸收非标记氮(kg/ha)	残留标记氮(kg/ha)			小麦农田系统损失的氮肥(kg/ha)	小麦农田系统氮肥残留率(%)	小麦农田系统氮肥损失率(%)
				基肥氮	追肥氮	合计		基肥	追肥	合计			
N4R1	105.00	195.00	245.12	21.41	67.04	88.46	156.66	46.98	50.09	97.07	114.47	32.36	38.16
N4R2	150.00	150.00	277.28	48.23	42.48	90.70	186.58	42.85	35.28	78.14	131.16	26.05	43.72
N4R3	195.00	105.00	243.81	56.04	35.33	91.37	152.44	53.64	20.12	73.76	134.87	24.59	44.96

表3-3 2010—2011年，小麦各生育时期吸收氮（仪征）

编号	产量(kg/ha)	施肥输入氮(kg/ha)		拔节期小麦累积氮(kg/ha)	开花期小麦累积氮(kg/ha)	小麦秸秆总积累氮(kg/ha)	小麦籽粒总积累氮(kg/ha)	拔节前积累氮占比(%)	拔节至开花积累氮占比(%)	花后积累氮占比(%)
		基肥	追肥							
N0	3644.13	0.0	0.0	20.26	50.04	15.44	56.35	24.52	43.62	31.86
N1R1T1	6996.83	90.0	135.0	40.83	153.31	38.65	127.71	22.91	69.07	8.01
N1R1T2	6520.97	90.0	135.0	40.94	120.66	47.35	118.37	23.07	49.15	27.78
N1R1T3	6027.23	90.0	135.0	41.43	100.63	35.81	119.77	24.93	38.93	36.14

续表

编号	施肥输入氮（kg/ha） 基肥	施肥输入氮（kg/ha） 追肥	产量（kg/ha）	拔节期小麦累积氮（kg/ha）	开花期小麦累积氮（kg/ha）	小麦秸秆总积累氮（kg/ha）	小麦籽粒总积累氮（kg/ha）	拔节前积累氮占比（%）	拔节至开花积累氮占比（%）	花后积累氮占比（%）
N1R2T1	135.0	90.0	6886.53	55.43	145.73	48.83	130.78	29.48	51.28	19.24
N1R2T2	135.0	90.0	7072.73	52.17	140.85	45.44	139.63	26.80	48.85	24.36
N1R2T3	135.0	90.0	7097.30	55.51	137.52	49.27	124.65	30.51	48.13	21.36
N2R1T1	120.0	180.0	8066.87	49.44	171.32	66.29	151.98	21.38	56.75	21.86
N2R1T2	120.0	180.0	7427.17	49.01	132.23	59.10	148.23	22.32	40.83	36.85
N2R1T3	120.0	180.0	7596.20	50.07	126.79	45.82	153.61	23.76	39.16	37.08
N2R2T1	180.0	120.0	8288.33	55.61	196.03	83.23	164.76	21.31	57.44	21.25
N2R2T2	180.0	120.0	7494.20	55.73	169.60	54.96	157.86	24.95	54.41	20.65
N2R2T3	180.0	120.0	8009.37	57.13	147.88	57.74	162.40	24.75	41.89	33.36
N0	0.0	0.0	3580.07	21.39	42.21	13.13	43.70	0.00	39.05	27.42
N1R1	67.5	157.5	6989.63	37.09	103.06	27.85	131.07	21.60	42.45	35.95
N1R2	90.0	135.0	7605.13	42.14	126.39	33.50	151.42	21.29	46.44	32.27
N1R3	112.5	112.5	7474.83	38.48	112.93	36.03	146.72	19.51	41.54	38.96

续表

编号	产量（kg/ha）	施肥输入氮（kg/ha）		拔节期小麦累积氮（kg/ha）	开花期小麦累积氮（kg/ha）	小麦秸秆总积累氮（kg/ha）	小麦籽粒总积累氮（kg/ha）	拔节前积累氮占比（%）	拔节至开花累积氮占比（%）	花后积累氮占比（%）
		基肥	追肥							
N1R4	7043.63	135.0	90.0	49.86	113.72	37.43	145.60	25.81	35.57	38.61
N1R5	7195.70	157.5	67.5	52.10	119.71	41.86	132.81	28.38	39.50	32.11
N2R1	7694.97	90.0	210.0	39.72	139.9	46.61	160.93	17.74	49.10	33.15
N2R2	7483.33	120.0	180.0	38.96	129.78	44.88	149.80	18.54	47.51	33.95
N2R3	7704.47	150.0	150.0	51.29	145.34	47.44	177.02	21.62	42.57	35.81
N2R4	7756.17	180.0	120.0	54.22	149.86	49.43	166.39	23.88	45.05	31.07
N2R5	7760.93	210.0	90.0	57.40	136.94	45.99	155.24	27.25	40.23	32.52

表 3-4 2011—2012 年，小麦各生育时期吸收氮（新乡）

编号	产量（kg/ha）	基肥输入氮（kg/ha）	追肥输入氮（kg/ha）	拔节期小麦累积氮（kg/ha）	开花期小麦累积氮（kg/ha）	小麦秸秆总积累氮（kg/ha）	小麦籽粒总积累氮（kg/ha）	拔节前积累氮占比（%）	拔节至开花累积氮占比（%）	开花后积累氮占比（%）
N0	4916.43	0.00	0.00	42.20	90.85	23.46	83.48	37.98	47.68	13.87
N1R1	7209.35	26.25	48.75	49.66	108.95	34.61	125.33	27.29	35.02	36.94

续表

编号	产量（kg/ha）	基肥输入氮（kg/ha）	追肥输入氮（kg/ha）	拔节期小麦积累氮（kg/ha）	开花期小麦积累氮（kg/ha）	小麦秸秆总积累氮（kg/ha）	小麦籽粒总积累氮（kg/ha）	拔节前积累氮占比（%）	拔节至开花积累氮占比（%）	开花后积累氮占比（%）
N1R2	7303.55	37.50	37.50	52.01	121.32	38.25	116.87	31.07	44.34	24.06
N1R3	7220.40	48.75	26.25	55.68	119.78	43.35	121.30	30.20	37.06	32.09
N2R1	7893.71	52.50	97.50	53.96	154.88	43.12	141.16	27.78	55.51	16.40
N2R2	7861.86	75.00	75.00	60.47	145.14	46.48	146.78	27.91	41.45	30.13
N2R3	7802.52	97.50	52.50	61.34	152.15	49.10	133.87	32.65	51.22	15.83
N3R1	9066.76	78.75	146.25	58.95	160.68	43.67	188.87	22.58	41.39	35.52
N3R2	9161.36	112.50	112.50	60.85	169.37	46.98	194.49	22.34	42.24	34.95
N3R3	8719.91	146.25	78.75	61.51	157.9	50.34	162.74	25.36	42.10	32.05
N4R1	8319.92	105.00	195.00	64.44	167.67	49.37	179.56	25.24	42.72	31.60
N4R2	8934.52	150.00	150.00	71.34	161.56	55.31	196.08	24.79	32.95	41.73
N4R3	8475.28	195.00	105.00	72.71	169.16	61.15	175.51	28.82	40.13	30.62

表3-5 土壤供氮、肥料供氮比率与小麦吸收土壤氮、肥料氮比率比较（仪征）

编号	土壤供氮		肥料供氮		氮素吸收率（%）	氮肥利用率（%）	氮肥偏生产力（kg/kg）
	N（kg/ha）	土壤氮贡献率（%）	N（kg/ha）	肥料氮贡献率（%）			
N0	71.79	100.00	0.00	0.00	—	—	—
N1R1T1	71.79	43.15	94.57	56.85	73.94	42.03	31.10
N1R1T2	71.79	43.32	93.93	56.68	73.65	41.75	28.98
N1R1T3	71.79	46.14	83.79	53.86	69.15	37.24	26.79
N1R2T1	71.79	39.97	107.82	60.03	79.83	47.92	30.61
N1R2T2	71.79	38.79	113.28	61.21	82.25	50.35	31.43
N1R2T3	71.79	41.28	102.13	58.72	77.30	45.39	31.54
N2R1T1	71.79	32.89	146.48	67.11	72.76	48.83	26.89
N2R1T2	71.79	34.63	135.54	65.37	69.11	45.18	24.76
N2R1T3	71.79	36.00	127.64	64.00	66.48	42.55	25.32
N2R2T1	71.79	28.95	176.2	71.05	82.66	58.73	27.63
N2R2T2	71.79	33.73	141.03	66.27	70.94	47.01	24.98
N2R2T3	71.79	32.61	148.35	67.39	73.38	49.45	26.70

续表

编号	土壤供氮		肥料供氮		氮素吸收效率（%）	氮肥利用率（%）	氮肥偏生产力（kg/kg）
	N（kg/ha）	土壤氮贡献率（%）	N（kg/ha）	肥料氮贡献率（%）			
N0	56.83	100.00	0.00	0.00	—	—	—
N1R1	56.83	35.76	102.09	64.24	70.63	45.37	31.07
N1R2	56.83	30.73	128.09	69.27	82.19	56.93	33.80
N1R3	56.83	31.10	125.92	68.90	81.22	55.96	33.22
N1R4	56.83	31.05	126.20	68.95	81.35	56.09	31.31
N1R5	56.83	32.54	117.84	67.46	77.63	52.37	31.98
N2R1	56.83	27.38	150.71	72.62	69.18	50.24	25.65
N2R2	56.83	29.19	137.85	70.81	64.89	45.95	24.94
N2R3	56.83	25.32	167.63	74.68	74.82	55.88	25.68
N2R4	56.83	26.33	158.99	73.67	71.94	53.00	25.85
N2R5	56.83	28.24	144.4	71.76	67.08	48.13	25.87

· 046 ·

表3-6　土壤供氮、肥料供氮比率与小麦吸收土壤氮、肥料氮比率比较（新乡）

编号	供氮量				小麦吸收 ^{15}N				氮素吸收率（%）	氮肥利用率（%）	氮肥偏生产力（kg/kg）
	土壤供氮		肥料供氮		吸收土壤氮		吸收肥料氮				
	N（kg/ha）	土壤氮贡献率（%）	N（kg/ha）	肥料氮贡献率（%）	N（kg/ha）	土壤氮贡献率（%）	N（kg/ha）	肥料氮贡献率（%）			
N0	105.48	100.00	0.00	0.00	105.48	100.00	—	—	—	—	—
N1R1	105.48	58.44	75.00	41.56	143.46	83.04	29.30	16.96	230.35	89.71	96.12
N1R2	105.48	58.44	75.00	41.56	133.30	83.44	26.46	16.56	213.01	72.37	97.38
N1R3	105.48	58.44	75.00	41.56	148.88	84.40	27.51	15.60	235.19	94.55	96.27
N2R1	105.48	41.29	150.00	58.91	133.81	72.23	51.45	27.77	123.51	53.19	52.62
N2R2	105.48	41.29	150.00	58.91	150.76	72.58	56.96	27.42	138.48	68.16	52.41
N2R3	105.48	41.29	150.00	58.91	136.50	75.51	44.26	24.49	120.51	50.19	52.02
N3R1	105.48	31.92	225.00	68.08	151.92	60.96	97.29	39.04	110.76	63.88	40.30
N3R2	105.48	31.92	225.00	68.08	172.05	66.08	88.30	33.92	115.71	68.83	40.72

编号	供氮量				小麦吸收 ^{15}N				氮素吸收效率（%）	氮肥利用率（%）	氮肥偏生产力（kg/kg）
	土壤供氮		肥料供氮		吸收土壤氮		吸收肥料氮				
	N（kg/ha）	土壤氮贡献率（%）	N（kg/ha）	肥料氮贡献率（%）	N（kg/ha）	土壤氮贡献率（%）	N（kg/ha）	肥料氮贡献率（%）			
N3R3	105.48	31.92	225.00	68.08	158.30	68.12	74.09	31.88	103.28	56.40	38.76
N4R1	105.48	26.01	300.00	73.99	156.66	63.91	88.46	36.09	81.71	46.55	27.73
N4R2	105.48	26.01	300.00	73.99	186.58	67.29	90.70	32.71	92.43	57.27	29.78
N4R3	105.48	26.01	300.00	73.99	152.44	62.52	91.37	37.48	81.27	46.11	28.25

表 3-7 3 种计算方法比较氮肥利用率

编号	^{15}N 标记施肥量（kg/ha）			^{15}N 法（kg/ha）			比值法（%）	差值法（%）
	基肥	追肥	合计	基肥	追肥	总计		
N1R1	26.25	48.75	75	21.18	48.70	39.07	95.72	89.71
N1R2	37.50	37.50	75	28.91	41.65	35.28	88.52	72.37

续表

编号	¹⁵N 标记施肥量（kg/ha）			¹⁵N 法（kg/ha）			比值法（%）	差值法（%）
	基肥	追肥	合计	基肥	追肥	总计		
N1R3	48.75	26.25	75	23.61	60.95	36.68	97.73	94.55
N2R1	52.50	97.50	150	23.79	39.96	34.30	72.51	53.19
N2R2	75.00	75.00	150	23.80	52.13	37.97	81.31	68.16
N2R3	97.50	52.50	150	20.54	46.15	29.51	70.75	50.19
N3R1	78.75	146.25	225	29.51	50.63	43.24	75.41	63.88
N3R2	112.50	112.50	225	29.71	48.77	39.24	78.78	68.83
N3R3	146.25	78.75	225	30.25	37.90	32.93	70.32	56.40
N4R1	105.00	195.00	300	20.39	34.38	29.49	60.45	46.55
N4R2	150.00	150.00	300	32.15	28.32	30.23	68.38	57.27
N4R3	195.00	105.00	300	28.74	33.65	30.46	60.13	46.11

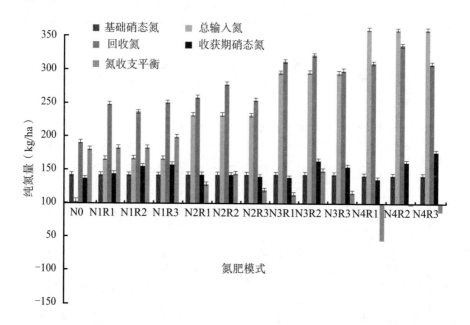

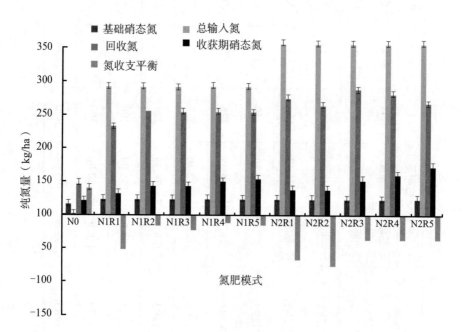

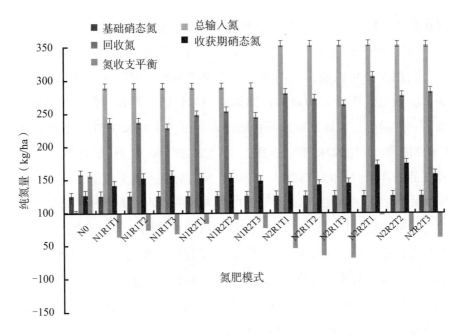

图 3-1　不同施氮模式下，全生育期农田系统氮输入输出的比较

注：总输入为"种子氮＋肥料氮"，回收氮为地上部积累氮，收支平衡为"回收氮＋收获期土壤硝态氮－总输入氮－基础硝态氮"。本章涉及的土壤氮均指 0 ～ 60cm 土层纯氮。

2. 不同施氮模式下，小麦农田系统氮素阶段平衡

我国小麦生产上氮肥模式多以播前基肥和春季追肥为主，底肥主要用以保障成穗茎蘖数量，追肥主要用以保障穗和籽粒发育的质量。因此，分阶段研究农田系统氮肥供需平衡，量化氮肥影响因子，对于指导施肥实践具有重要意义。从表 3-3 和表 3-4 得知，两地不同氮肥模式各阶段积累氮量呈现一致趋势，拔节以前小麦吸收氮占总积累氮比例在 22% 到 35% 之间波动，拔节至开花吸收氮占总积累氮比例在 35% 到 55% 之间波动，开花以后吸收氮在 20% 到 40% 之间波动。因此，分阶

段量化氮素效应因子能使模型更好地适应目前生产施肥模式。

（1）不同施氮模式下，小麦农田系统播种至拔节期的氮平衡

从图3-2可以看出，两地3个试验结果均表明存在以下趋势：趋势一，随着底肥用量的增加，群体氮积累量同步增加，但是当底肥增加到一定量时，群体氮积累不再增加，如试验1的N1R2T1、N1R2T2、N1R2T3处理到N2R2T1、N2R2T2、N2R2T3处理增长无差异，试验2的N1R4、N1R5、N2R3、N2R4、N1R5等处理无差异，试验3的N2R3、N3R2、N3R3、N4R1、N4R2、N4R3等处理差异也不显著；趋势二，随着底肥用量增加，3个试验均呈现拔节期土壤存留硝态氮增多的趋势；趋势三，随着底肥量的增大，系统氮损失量增大，超过一定量后，损失量有加速增大趋势。由此说明，底肥氮在满足苗期氮肥需求的同时，也会随底肥氮量增加而增加氮的流失，同时底肥氮存留土壤中的硝态氮增多，会推迟茎蘖的两极分化。

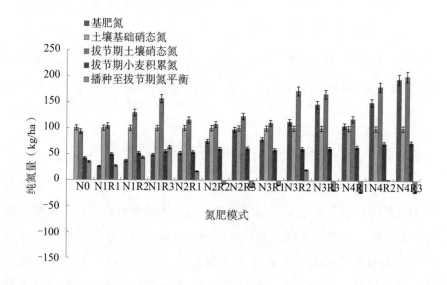

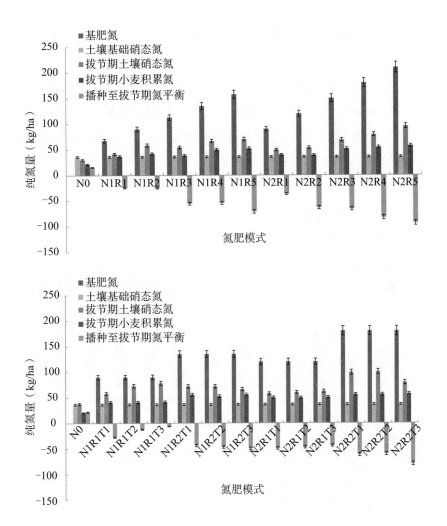

图 3-2　不同施氮模式下，播种至拔节期农田系统氮平衡的比较

注：氮平衡为"拔节期积累氮＋拔节期土壤硝态氮－基肥氮－基础硝态氮－种子输入氮"。

（2）不同施氮模式下，小麦农田系统拔节期至成熟期的氮平衡

从图 3-3 看，拔节期至成熟期随着氮肥模式如施氮量、基追比、追肥时间的改变，农田系统呈现复杂的变化局面。试验 1 的数据充分反映了追肥的时间效应，追肥时间早，积累氮相对较多；试验 2 的数据充分

反映了底肥的叠加效应；试验 3 的数据反映了追肥的数量效应和底肥的叠加效应。图 3-3 综合反映了氮供应的数量效应、时间效应和底肥的叠加效应，氮肥供应多群体氮积累量相对较多，供肥时间早群体的氮积累较多，均衡供应基肥和追肥氮群体的氮积累量相对较多。此外，该阶段速效氮供需显得较为均衡或者有盈余，结合全生育期的氮流失量分析，认为此阶段流失的肥料氮由土壤释放较多的氮弥补所致。

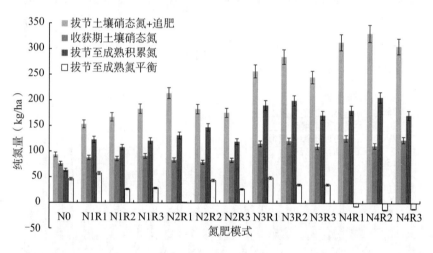

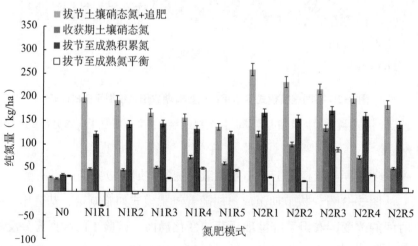

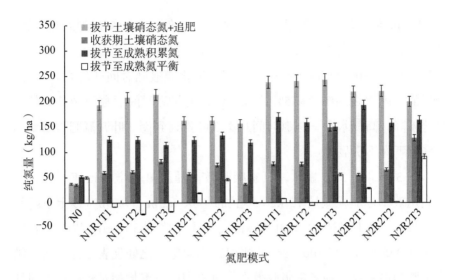

图 3-3　不同施氮模式下，拔节期至成熟期农田系统氮平衡比较

注：氮平衡为"拔节至成熟积累氮 + 收获期土壤硝态氮 - 拔节期积累氮 - 拔节期土壤硝态氮 - 追肥氮"。

3. 两生态区不同施氮模式下，小麦农田系统氮肥利用对比分析

（1）两生态区小麦农田系统氮回收利用的对比分析

从表 3-5 和表 3-6 可以看出，施氮水平为 225 kg/ha 和 300 kg/ha 时，仪征试验点氮素吸收效率为 63.72% ～ 81.49%，新乡试验点基础硝态氮含量明显高于仪征，其氮素吸收效率在 78.89% 至 103.35% 之间，也明显高于仪征点，225 kg/ha 施氮水平以下吸收效率均在 100% 以上，但是按照 [15]N 标记结果肥料氮占比不足 40%。因此，土壤中释放的氮素应是小麦吸收氮主要部分。

（2）不同施氮模式下，小麦农田系统氮肥利用率对比分析

从表 3-5 和表 3-6 可以看出，随着施氮量增加，肥料氮贡献率提升到 70% 以上，土壤氮贡献率下降到 30% 以下；在施氮 225 kg/ha 和

300 kg/ha 水平下，不同氮肥基追比肥料氮贡献率在 65% 到 75% 之间波动，氮肥贡献率则表现为前后期供氮水平均衡的处理相对较高；在施氮 225 kg/ha 和 300 kg/ha 水平下，不同基追比兼追肥时间处理则表现为：肥料氮贡献率在 50% 到 75% 之间波动，追氮肥时间后移至孕穗贡献率显著下降，高氮水平下施氮时间从倒 3 叶推迟到倒 2 叶，氮肥贡献率不下降或下降不明显。

图 3-4、图 3-5 显示，氮素吸收效率随施氮量增加迅速下降，氮肥利用效率也随施氮量 75 kg/ha 增加到 300 kg/ha，从 90% 以上下降到 50% 以下，氮肥偏生产力由 90 kg/kg 以上下降到 30 kg/kg 以下；施氮量达到 225 kg/ha 和 300 kgha 水平时，不同基追比处理表现为：均衡供应基肥和追肥氮，则氮素吸收效率、氮肥利用效率均相对较高；不同基追比兼追肥时间处理则表现为氮肥重心后移至孕穗氮素吸收效率、氮肥利用效率显著下降，高氮水平下施氮时间从倒 3 叶推迟到倒 2 叶，以上 3 个指标不下降或下降不明显。

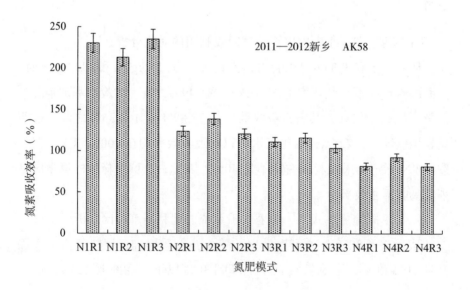

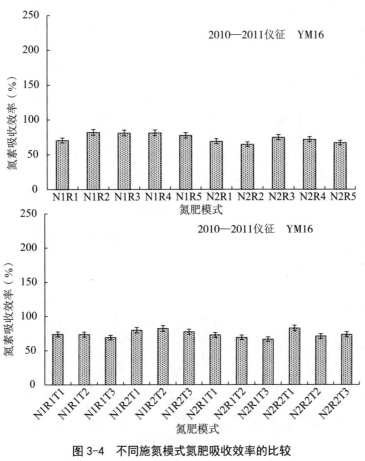

图 3-4　不同施氮模式氮肥吸收效率的比较

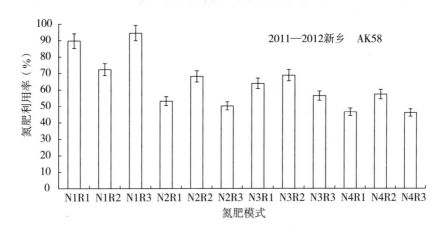

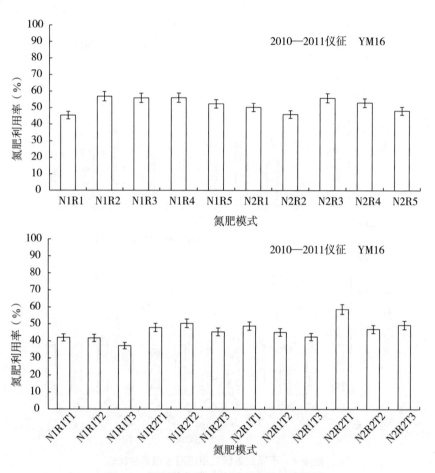

图 3-5 　不同施氮模式氮肥利用效率的比较

四、小结

研究表明，随着施氮水平的提高，冠层回收氮肥比例下降明显，施氮量从 75 kg/ha 增长到 300 kg/ha 时，冠层回收氮占肥料氮的比例由 200% 以上下降到 80% 以下，长江流域仪征试验点，由于施肥处理均为高氮水平，所以均在 82% 以下。但从 ^{15}N 标记试验结果看，肥料氮的回收比例均在 45% 以下，随着施氮量的增加回收氮中肥料氮所占的比例在增加，当施氮量达到 225 kg/ha 时，和 300 kg/ha 处在一个水平上。由此可知，一方面，增施氮肥刺激土壤氮的回收；另一方面，在目前的生产水平下，施氮量达到 225 kg/ha，接近小麦利用氮的临界状态，再增施氮肥只会加重氮的流失。从图 3-1 可看出，施氮量在 225 kg/ha 水平系统上，氮供求接近均衡状态。氮施肥模式不当，即底肥和追肥差距较大会增大氮肥流失，施氮量在 300 kg/ha 水平时，氮回收量增加不明显，系统氮的流失显著增加，而且随着施氮时间的后移，流失量也随之增大。施氮后移比例过大也会大幅度增加氮的流失，而随着底肥比例增大，收获后土壤残留硝态氮增多，且两地呈现出一致的趋势。

从农田系统氮肥阶段平衡看，随着底肥用量的增加，拔节前群体氮积累量同步增加；但是当底肥增加到一定量时，群体氮积累不再增加。随着底肥用量增加，3 个试验均呈现出拔节期土壤存留硝态氮增多的趋势。随着底肥量的增大，系统氮损失量增大，超过一定量后，损失量有加速增大趋势。由此说明，底肥氮在满足苗期氮肥需求的同时，也会随底肥氮量增加而增加氮的流失。拔节期至成熟期，随着氮肥模式如施氮量、基追比、追肥时间的改变，农田系统呈现复杂的变化局面。总的规律是：氮肥供应多，群体的氮积累量相对较多；供肥时间早，群体的氮积累较多；均衡供应基肥和追肥氮，群体的氮积累量相对较多。此外，该阶段速效氮供需显得较为均衡或者有盈余，结合全生育期的氮流失量分析，认为此阶段流失的肥料氮由土壤释放较多的氮弥补所致。

随着施氮量增加，肥料氮贡献率提升到 70% 以上，土壤氮贡献率下降到 30% 以下，氮素吸收效率随施氮量增加迅速下降，氮肥利用效率也随施氮量 75 kg/ha 增加到 300 kg/ha，从 90% 以上下降到 50% 以下，氮肥偏生产力由 90 kg/kg 以上下降到 30 kg/kg 以下；在施氮 225 kg/ha 和 300 kg/ha 水平下，不同氮肥基追比及追肥时间处理肥料氮贡献率在 50% 到 75% 之间波动，高氮水平下施氮时间从倒 3 叶推迟到倒 2 叶，氮肥贡献率不下降或下降不明显，追氮肥时间后移至孕穗贡献率显著下降。施氮量达到225 kg/ha和300 kg/ha水平时，不同基追比处理表现为：均衡供应基肥和追肥氮，则氮素吸收效率、氮肥利用效率均相对较高。

第四章 小麦 LAD 动态及其
与产量和品质的关系

本章基于长江流域（仪征）和黄河流域（新乡）两个小麦产区，进行多个不同氮肥模式控制的田间试验，研究了小麦叶面积持续期（LAD）动态及其与产量和品质的关系。结果表明，LAD 综合描述了作物叶面积指数（LAI）和持续时间，其动态与作物生物量变化高度相关：$y=6.9742x+0.42$（$R^2=0.9645$），能较好地解释作物生物量积累随叶面积和持续时间的变化规律，且通过 LAD 可以估测生物量；LAD 与小麦植株氮积累量间存在定量关系：$y=112.93x^{0.6528}$（$R^2=0.9483$），可以通过 LAD 估算小麦农田系统氮素流向小麦植株的量；小麦籽粒产量与出苗至成熟、出苗至开花及开花至成熟的 LAD 之间均呈高度的正相关关系：$y=2.5331x+2.2754$（$R^2=0.8846$），$y=4.2297x+1.6531$（$R^2=0.8776$），$y=5.8474x+3.5123$（$R^2=0.8289$）；小麦籽粒蛋白质含量与出苗至开花期及开花至成熟期的 LAD 均存在正相关关系：$y=3.28x+7.4289$（$R^2=0.6456$），$y=1.96x+7.9228$（$R^2=0.6684$），因此可以根据小麦开花期的 LAD 较早估测小麦籽粒产量和蛋白质含量。

一、引言

作物产量的形成过程始于绿色组织通过光合作用对大气 CO_2 的同

化过程，实质上是由光合作用驱动的能量吸收转换与物质转化的系统过程。在这个过程中，光合有效辐射（PAR，400 ~ 700 nm 光波）的截获、能量的吸收转化、同化物质积累与分配对作物生产力的影响，成为关键因素。如何促进作物充分利用照射到地面的太阳辐射能进行光合作用、提高作物对辐射能利用效率，是增加作物产量的一个根本问题。氮素是作物生长所必需的营养元素之一（欧阳兰，武兰芳，2012）。研究表明，氮素与叶片功能、干物质积累分配、小麦产量和品质的形成与密切相关，合理施用氮肥可调控籽粒蛋白质各组分的含量，改善小麦加工品质（曹卫星等，2008）。所以，合理施用氮肥已经成为小麦生产中提高产量、改善品质的重要技术措施。作物干物质的积累来源于光合器官的生产，小麦冠层叶片是光合作用的重要器官，叶面积及持续期、光合速率，对干物质积累及最终产量起决定性作用。LAD 是 LAI 对生育时间的积分值，该指标是对小麦群体绿叶面积大小和叶片持续生产时间长短的综合表达。其值越大，群体生产能力越强。因此，LAD 比 LAI 能更好地表达氮素在植株体内发挥的作用。然而，生产上大量施用氮肥，也带来肥料利用率下降、生态环境恶化等诸多弊端（OECD，2001；IPPC，2001）。

基于此，本研究通过在中国长江流域和黄河流域麦区不同品种的田间试验，对小麦各生育阶段植株生长指标进行动态测定，获得能够反映小麦群体绿叶面积和持续时间的 LAI 持续期动态曲线；研究氮肥对 LAD 的影响，以及 LAD 与小麦生产力和籽粒品质的关系。

二、本章涉及的试验及算法

1.试验内容设计

本章研究内容设计的试验同第二章。

2. LAD 的计算

LAD 的计算公式为：

$$LAD = \int_0^t F(dt)$$

式中，F 为 LAI；t 为取样的生育时间。

采用温度自动记录仪记录小麦生长季内的逐日距离地面 1.5 m 高度的 02 时、08 时、14 时、20 时温度（℃）的平均值作为日平均温度，用以计算 0℃ 以上生长度日（growing degree days，GDD）和 0℃ 以上相对生长度日（relative growing degree days，RGDD）：

$$RGDD = GDD / TGDD$$

式中，GDD 为播种期到某一生育时间点的 0℃ 以上积温，TGDD 指整个生育期的 GDD。如果用于实际诊断，TGDD 可取所采用品种最近三年全生育期 GDD 的平均值。

三、结果分析

1. LAD 的动态特征

（1）LAI 动态

叶片是作物截获光能并进行光合作用的主要器官。叶片的数量性状常用叶面积或 LAI 来描述，其大小和动态是衡量群体合理性的依据之一，也是决定群体生产力的重要指标。群体生产力处于高水平的品种，干物质生产在抽穗至成熟阶段优势明显，具有较高的 LAI、光合势、群体生长率和净同化率。同时，作物群体不仅要 LAI 足够高，而且要持续时间长，群体光合生产力高。LAD 的大小及在各生育期的分配比例，反映了品种特性和栽培管理水平。图 4-1 显示了不同氮肥模式下，LAI 动态均呈现一致趋势：出苗至返青缓慢上升，返青至拔节加快增长，拔节至孕穗上升速度达到最快，之后逐渐下降，施氮量大处理的各取样期 LAI 相应较高，足量和过量氮肥处理的 LAI 显示无差异。但由于田间试验和取样测试带来的误差，用直接获取的 LAI 数据量化和区分不同氮肥模式差异，很难用一个传统的统计函数描述。因此，将 3 个试验获得的 LAI 进行数学变换，即用各取样时期的 LAI 对 RGDD 求积分的方法获得各取样时间段的 LAD，再做进一步分析。

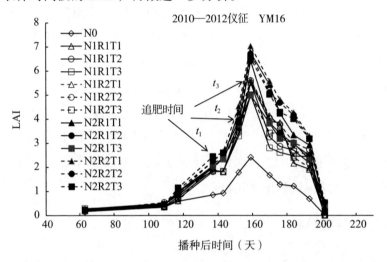

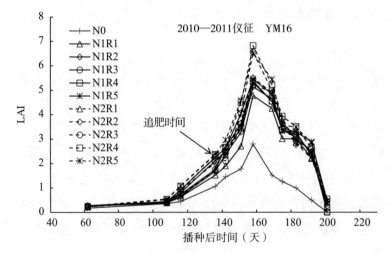

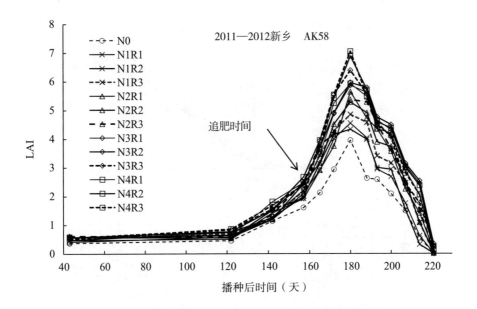

图 4-1　不同氮肥模式下，小麦群体 LAI 动态

（2）LAD 动态

用各取样时期的 LAI 值对相应 RGDD 求积分的方法，获得各氮肥处理每个取样时间点的 LAD，然后得到 LAD 的动态趋势图（图 4-2）。连续多次取样数据持续累计结果会平滑单次取样带来的偶然误差，从而显示因单次偶然误差而掩盖的真实信息。从图 4-2 看，数据变换以后，就能较好地区分不同氮肥模式所带来的差异。所有氮肥处理的 LAD 动态趋势基本一致，呈"S"形曲线，和干物质积累曲线非常接近，而且处理间 LAD 可以显示和最终干物质积累一致性差异，LAD 较好地解释了差异化供氮带来的小麦生长差异。其动态曲线能较好地区分氮素水平间的差异。

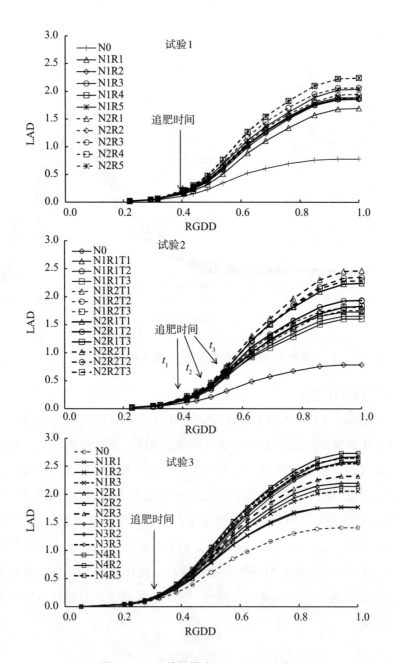

图 4-2 不同施氮模式下，LAD 的动态

根据试验数据表明，无氮限制 LAD（LADmax）与 RGDD 存在定量关系（图 4-3）：RGDD < 0.53 指数增长曲线关系；0.53 ≤ RGDD ≤ 0.68，线性关系：RGDD > 0.68，二次曲线关系。

$$LAD_{max} = \begin{cases} 0.0019e^{11.421RGDD} & (RGDD < 0.53)\ R^2 = 0.995 \\ 4.8135RGDD - 1.7679 & (0.53 \leqslant RGDD \leqslant 0.68)\ R^2 = 0.986 \\ -7.3277RGDD^2 + 14.654RGDD - 4.991 & (RGDD > 0.68)\ R^2 = 0.9988 \end{cases}$$

对上式求导即可获得 LAD_{max} 各阶段的增长率：

$$\frac{dLAD_{max}}{dRGDD} = \begin{cases} 0.0217e^{11.421RGDD} & (RGDD < 0.53) \\ 4.8135 & (0.53 \leqslant RGDD \leqslant 0.68) \\ -14.6554RGDD + 14.654 & (RGDD > 0.68) \end{cases}$$

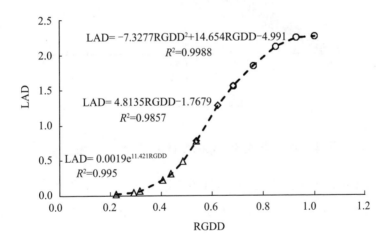

图 4-3　无氮限制条件下的 LAD 动态曲线

2. LAD 与 DM 之间的关系

将各时期各氮肥处理取样期的 LAD 与相应生物量作相关分析，结果如图 4-4 所示，二者高度相关，$y = 6.9742x + 0.0.43$（$R^2 = 0.9645$）。由此可见，作物干物质生产高度依赖绿色叶片面积及持续时间，因此可以根据前述 LAD 对氮肥处理较好的区分度，利用 LAD 与生物量的相关关系来量化和区分不同氮肥处理的生物量动态，高氮水平的生物量动态曲线应该对应 LAD 值较高的动态曲线。因此，可以用 LAD 估测生物量动态值。

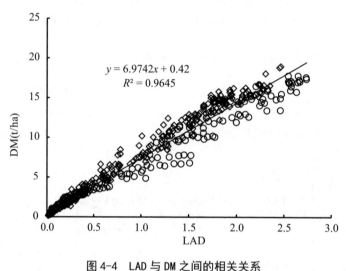

$$y = 6.9742x + 0.42$$
$$R^2 = 0.9645$$

图 4-4　LAD 与 DM 之间的相关关系

3. 小麦群体 LAD 与氮素积累及籽粒产量的关系

（1）LAD 与小麦植株氮积累量的定量关系

根据两地试验结果分析，小麦氮积累量与群体 LAD 存在高度相关关系（图 4-5）。

（2）小麦群体 LAD 与籽粒产量的关系

对两地出苗至成熟、出苗至开花及开花至成熟的 LAD 与小麦籽粒产量作相关分析（图 4-6～图 4-8）。结果表明，小麦籽粒产量与出苗至成熟、出苗至开花及开花至成熟的 LAD 之间均呈高度的正相关关系 [$y=2.5331x+2.2754$（$R^2=0.8846$），$y=4.2297x+1.6531$（$R^2=0.8776$），$y=5.8474x+3.5123$（$R^2=0.8289$）]。

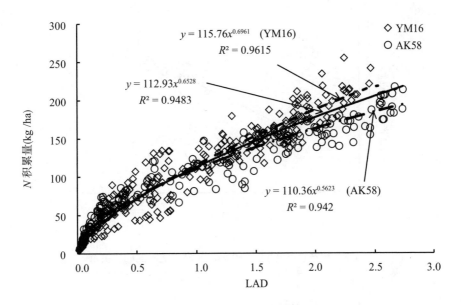

图 4-5　小麦群体 LAD 与植株氮积累量的定量关系

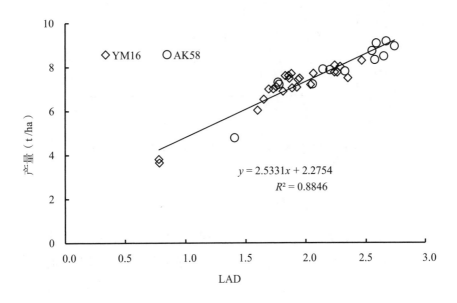

图 4-6　出苗至成熟期，LAD 与籽粒产量之间的相关关系

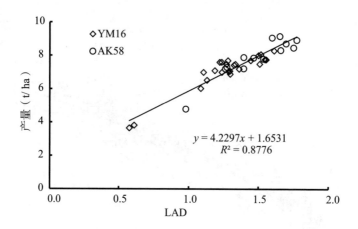

图 4-7　出苗至开花期，LAD 与籽粒产量之间的相关关系

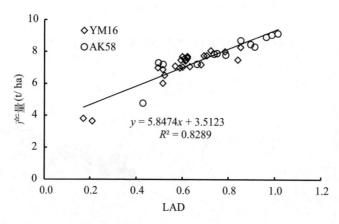

图 4-8　开花至成熟期，LAD 与籽粒产量之间的相关关系

4. LAD 与蛋白质含量之间的关系

将开花期和成熟期的 LAD 与成熟期小麦籽粒蛋白质含量作相关分析，结果如图 4-9 和图 4-10 所示。小麦籽粒蛋白质含量与群体出苗至开花期及开花至成熟期的 LAD 均存在正相关关系 [$y=3.28x+7.4289$（$R^2=0.6456$），$y=1.96x+7.9228$（$R^2=0.6684$）]，因此可以根据开花期

LAD 估测小麦籽粒蛋白质含量。

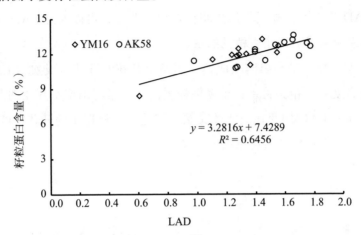

图 4-9　出苗至开花期，LAD 与籽粒蛋白质含量之间的相关关系

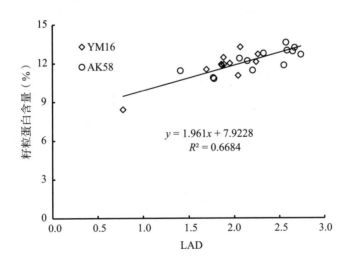

图 4-10　成熟期，LAD 与籽粒蛋白质含量之间的相关关系

四、小结

　　LAD 综合描述了作物 LAI 持续时间（相对积温）的积累值。其动态与作物生物量变化高度相关，能较好地解释作物生物量积累随叶面积

和持续时间的变化规律，且通过 LAD 可以估测生物量。

LAD 与小麦植株氮积累量间存在定量关系，可以通过 LAD 估算小麦农田系统氮素流向小麦植株的量。

小麦籽粒产量与出苗至成熟、出苗至开花及开花至成熟的 LAD 之间均呈高度的正相关关系；小麦籽粒蛋白质含量与出苗至开花期及开花至成熟期的 LAD 均存在正相关关系，因此可以根据小麦开花期的 LAD 较早估测小麦籽粒产量和蛋白质含量。

第五章　基于 LAD 的小麦临界氮浓度稀释曲线

　　精确量化小麦植株氮素营养状况是氮肥管理决策的前提，临界氮浓度已被广泛用作量化小麦氮营养状况的依据。由于基于不同区域建立的曲线方程存在一定差异，所以已有的曲线方程通用性并不理想。本研究基于中国长江流域和黄河流域不同品种、多种氮肥模式的大田试验数据，通过考虑不同环境下积温的差异，综合基于干物质和 LAI 构建曲线方法的优点，建立基于 LAD 的小麦临界氮稀释曲线。结果表明，LAD 随着相对积温的增加呈 S 形曲线，植株氮浓度随着 LAD 的增加呈幂函数下降；LAD 动态曲线和植株氮浓度曲线随着施氮量的增加而同步上移，能较好地反映施氮量差异。由此，建立了基于 LAD 的小麦临界氮浓度稀释曲线：LAD > 0.13 时，$N_c = 1.6774\,\mathrm{LAD}^{-0.37}$；当 LAD ≤ 0.13 时，$N_c$ 为 LAD=0.13 时的常数值，可由该方程计算得到。独立试验数据验证表明，基于 LAD 的小麦临界氮浓度稀释曲线计算得到的氮营养指数（NNI）可以准确诊断不同生长时期的氮亏缺程度，研究结果将为准确诊断小麦氮亏缺提供另一种可供选择的途径。

一、引言

氮是作物生长和提高生产力必需的主要营养元素（Eickhout et al.，2006）。作物当季氮诊断和调控管理是确保粮食安全和环境可持续发展的重要内容（Ata-Ul-Karim et al.，2016b）。因为氮是与作物生产活力、产量和品质有关的叶绿素和蛋白质的组成成分，科学氮肥管理对提高作物产量和加工品质都是必要的（Wang et al.，2002；Zhu et al.，2003）。既往研究表明，作物临界氮稀释曲线明确反映了植株氮营养状况，与小麦产量和品质高度相关，过量施用氮肥会造成氮肥利用率下降、生态环境恶化等负面影响（Jeuffroy，Meynard，1997）。因此，准确估测作物氮素营养状况，进行合理氮肥管理，已成为农户和科学家迫切需要研究解决的课题。

在作物生长关键阶段，进行作物氮营养状况定量诊断和氮需求量的可靠评估，对于优化氮肥管理、提高作物产量和质量非常重要（Ata-Ul-Karim et al.，2016b）。人们将叶绿素计、数码相机、主动和被动传感器（Mistele，Schmidhalter，2008；Lee，Lee，2013；Yuan et al.，2016）等无损监测诊断工具广泛用于评估作物氮素状况。植株临界氮浓度是作物特有的、简单的且生物学上可靠的诊断作物氮素营养状况的依据。已经建立的基于植株干重的临界氮稀释曲线，包括玉米（Plénet，Lemaire，1999；Yue et al.，2014）、水稻（Sheehy et al.，1998；Ata-Ul-Karim et al.，2013；Huang et al.，2015；He et al.，2017）、小麦（Justes et al.，1994；Ziadi et al.，2010；Yue et al.，2012）。还有研究者建立了基于小麦特定器官干物质（叶干物质和穗干物质）的临界氮稀释曲线（Yao et al.，2014a；Zhao et al.，2016b）、基于水稻叶片和茎干物质的临界氮稀释曲线（Ata-Ul-Karim et al.，2014a；Yao et al.，2014b）以及基于玉米叶片干物质的临界氮稀释曲线（Zhao et al.，2017）。这些基于植株和特定器官干物质的稀释曲线是针对特定生态区域的栽培作物开发的，模型参数会随着环境的变化而变化。此外，干物质通常是通过破坏性取样来获取的。LAI 和植被指数是农艺和环境研究中的一个基本变量，被广泛用于监测作物生长、预测作物产量和优化作物管理的参考指标（Ata-Ul-Karim et al.，2014；Wang et al.，2016）。随着传感器技术的进步，人们可以更方便快捷、无损地测量 LAI。LAI 测定比植株 DM 的定量更容易，为诊断评价作物氮素状况提供了一种可替代的方法。既往的研究已经开发了基于 LAI 的临界氮稀释曲线，为作物 N 素状况诊断提供了一种替代方法（Confalonieri et al.，2011；Ata-Ul-Karim et al.，2014b；Zhao et al.，2014）。作物干物质是通过光合生产实现的，DM 在很大程度上取决于冠层叶片的特征。其中，叶面积及其持续时间和光合速率是影响干物质积累和产量的关键因素（Gastal，Bélanger，1993；Hammer，Wright，1994；Zhao et al.，2005）。先前的研究表明，在小麦植株中，氮优先分配给叶片用于生长和光合作用（Jeuffroy et al.，2002）。氮营养状况、叶面积和叶面积持续时间都会影响作物短期生长状况和作物未来的生产力。然而，LAI 是绿叶面积的瞬时估计值，不能代表叶片面积持续光合作用的过程，也不能准确解释干物质的形成。LAD 是 LAI 对生长时间的积分，综合考虑了叶面积的大小和持续时间（Peltonen-Sainio et al.，2008）。因此，与 LAI 相比，LAD 更能反映干物质积累的过程，能更好地融入作物氮素稀释机制。

临界氮稀释曲线可用于量化作物氮素状况、响应供氮状况的发育过程和太阳辐射利用效率，用于量化氮营养指数（NNI）、累积氮亏缺（accumulated nitrogen deficit，AND）和氮需要量（nitrogen requirement，NR）等作物氮诊断指标（Mills et al.，2009；Ata-Ul-Karim et al.，2017a，b）以及氮肥决策（Lemaire et al.，2008）。NNI

是应用最广泛的、基于临界氮曲线的作物氮状况诊断工具之一（Zhao et al.，2017）。NNI与相对产量之间的定量关系已被用于评估小麦（Ziadi et al.，2008，2010）和水稻（Ata-Ul-Karim et al.，2016a，c）的产量潜力。同时，这些定量关系也被用于估算作物生长过程中的氮需求，和评估水稻淀粉及蛋白质含量（Ata-Ul-Karim et al.，2017）。该指标可以成功地区分作物生产中的适宜氮水平和过量氮水平，利用这些曲线作为氮定量诊断工具，可以与作物模拟模型集成，有助于氮肥科学管理（Lemaire et al.，2008；Ata-Ul-Karim et al.，2017b）。

本研究的目的在于通过不同地点、品种的大田氮肥试验，综合基于植株干物质和基于LAI临界氮曲线的优点，建立基于LAD的小麦临界氮浓度稀释曲线，评价其在植株氮素营养诊断上的作用。研究结果将为准确诊断小麦氮营养状况提供另一种可供选择的方法。

二、本章涉及的试验基本信息

本章涉及的试验基本信息见表5-1。

三、结果分析

1. 小麦群体 LAD 与植株干重关系

从图5-1可以看出，小麦的LAD值与DM变化趋势基本一致，均呈"S"形曲线，不同的施氮处理下LAD随着$RGDD$呈现出不同的变化，各条曲线区分显著，表明LAD的动态曲线很好地区分了施氮水平。由于作物干物质生产主要依赖绿色叶片面积及持续时间。将各时期各氮肥处理的LAD与相应群体干物质作相关分析（图5-2），结果表明二者高度相关（R^2=0.9645），利用LAD代替植株干物质来构建临界氮稀释曲线是可行的。

表 5-1 试验时间、地点、土壤特征、品种、氮肥使用和取样等信息

编号	时间和地点	土壤特性	品种	氮肥使用（kg/ha）	取样
1	2010—2011年仪征（32°16' N, 119°10' E）	黏性土壤; 13.5 g/kg 有机质, 1.1 g/kg 总 N, 43 mg/kg 有效 P, 82 mg/kg 有效 K	宁麦 13（NM13）	N0=0, N1=75, N2=150, N3=225, N4=300, N5=375 基肥和追肥（菲克斯尺度 7）各占 50%	菲克斯尺度 3, 7, 10 和 10.5
2	2010—2011年仪征（32°16' N, 119°10' E）	黏性土壤, 14.26 g/kg 有机质, 1.28 mg/kg 总 N, 45.46 mg/kg 有效 P, 87.23 mg/kg 有效 K	杨麦 16（YM16）	N0 = 0, N1=225, N2=300; R1=3 : 7, R2=4 : 6, R3=5 : 5, R4=6 : 4, R5=7 : 3（基肥和追肥比例）	菲克斯尺度 3, 4, 6, 7, 9, 10.5, 10.5.2, 10.5.4, 11.1 和 11.4
3	2010—2011年仪征（32°16' N, 119°10' E）	黏性土壤, 13.54 g/kg 有机质, 1.2 g/kg 总 N, 43.01 mg/kg 有效 P, 83.25 mg/kg 有效 K	杨麦 16（YM16）	N0 = 0, N1=225, N2=300; R1=4 : 6, R1=5 : 5, R3=6 : 4, T1: 菲克斯尺度 6, T2: 菲克斯尺度 7, T3: 菲克斯尺度 8（追肥时间）	菲克斯尺度 3, 4, 6, 7, 9, 10.5, 10.5.2, 10.5.4, 11.1 和 11.4
4	2011—2012年新乡（35°11' N, 113°48' E）	沙质土壤, 15.7 g/kg 有机质, 1.45 g/kg 总 N, 67.54 mg/kg 有效 P; 87.43 mg/kg 有效 K	矮抗 58（AK58）	N0=0, N1=75, N2=150, N3=225, N4=300; R1=3.5 : 6.5, R1=5 : 5, R3=6.5 : 3.5（基肥和追肥比例）	菲克斯尺度 3, 4, 6, 7, 9, 10.5, 10.5.2, 10.5.4, 11.1 和 11.4

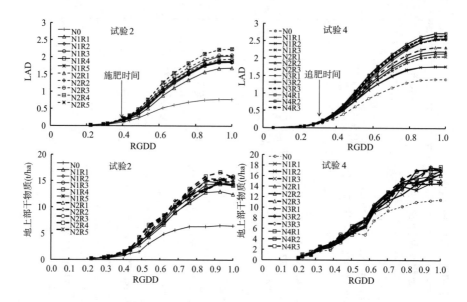

图 5-1　小麦 LAD 与 DM 的动态变化

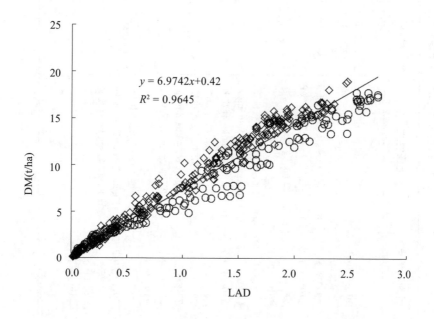

$y = 6.9742x+0.42$

$R^2 = 0.9645$

图 5-2　小麦 LAD 与 DM 的相关关系

2. 不同氮肥处理的 LAD 和植株氮浓度

表 5-2 数据表明，随小麦生育进程的变化和 LAD 的增加，植株实际氮浓度（Na）下降。虽然 4 个试验实施年份和地点不同，采用的品种和处理也不同，但 LAD 和 Na 的变化趋势一致。不同试验中，LAD 和 Na 随着施氮量的增加而增加，LAD 和 Na 对施氮处理的响应也会随着氮肥基追比和追肥时间的变化而变化，且追肥时间对 LAD 和 Na 有显著影响。试验 1～4 的 LAD 值变化范围分别为 0.43～1.82、0.46～1.824、0.075～2.361 和 0.046～1.317，Na 值的变化范围分别为 0.67%～3.7%、0.83%～3.87%、0.95%～3.35% 和 1.02～4.13%。河南新乡 AK58 号品种（试验 4）的 LAD 值高于仅征试验（试验 1、2 和 3），但 Na 的值在不同试验中的变化较小。

表 5-2　不同施氮处理在不同生育时期的小麦植株氮浓度

试验	处理	返青期 Na	返青期 LAD	拔节期 Na	拔节期 LAD	孕穗期 Na	孕穗期 LAD	抽穗期 Na	抽穗期 LAD	灌浆期 Na	灌浆期 LAD
试验 1（仅征，2010—2011）	N0	2.71^d	0.046^d	1.74^c	0.066^d	1.05^d	0.320^d	1.02^d	0.422^d		
	N1	3.22^c	0.119^c	2.03^b	0.149^c	1.46^{bc}	0.473^c	1.10^d	0.614^c		
	N2	3.80^{ab}	0.170^b	2.10^b	0.216^b	1.60^b	0.739^b	1.37^c	0.975^b		
	N3	3.87^{ab}	0.210^a	2.18^b	0.277^a	1.83^b	0.966^a	1.75^b	1.276^a		
	N4	4.13^a	0.196^a	2.60^a	0.262^a	2.47^a	0.962^a	1.91^a	1.284^a		
	N5	3.65^b	0.228^a	2.95^a	0.295^a	2.51^a	0.991^a	2.01^a	1.317^a		
	F 概率	*	*	*	*	*	*	*	*		
	LSD	0.313	0.034	0.394	0.049	0.397	0.221	0.182	0.189		

续表

试验	处理	返青期 Na	返青期 LAD	拔节期 Na	拔节期 LAD	孕穗期 Na	孕穗期 LAD	抽穗期 Na	抽穗期 LAD	灌浆期 Na	灌浆期 LAD
试验2（仪征，2010—2011）	N0	2.89[c]	0.043[d]	2.23[d]	0.110[d]	1.14[d]	0.344[d]	0.88[c]	0.525[d]	0.67[c]	0.695[d]
	N1R1	3.21[b]	0.056[c]	2.57[bc]	0.152[c]	1.57[c]	0.509[c]	1.65[a]	0.886[c]	1.09[ab]	1.339[c]
	N1R2	3.24[b]	0.061[b]	2.82[b]	0.166[c]	1.82[b]	0.583[bc]	1.46[b]	0.992[b]	1.06[b]	1.497[b]
	N1R3	3.34[b]	0.058[bc]	2.71[b]	0.169[bc]	1.74[b]	0.620[b]	1.27[c]	1.032[b]	1.12[a]	1.521[b]
	N1R4	3.33[b]	0.059[b]	3.06[a]	0.190[b]	1.93[b]	0.633[b]	1.61[a]	1.048[b]	1.05[b]	1.542[b]
	N1R5	3.58[a]	0.061[b]	3.09[a]	0.202[a]	2.21[a]	0.685[b]	1.44[b]	1.115[b]	1.08[ab]	1.619[b]
	N2R1	3.64[a]	0.059[b]	2.60[bc]	0.168[bc]	1.88[b]	0.596[bc]	1.68[a]	1.020[b]	1.16[a]	1.538[b]
	N2R2	3.60[a]	0.058[bc]	2.54[c]	0.189[b]	2.21[a]	0.642[b]	1.53[ab]	1.077[b]	1.09[a]	1.583[b]
	N2R3	3.65[a]	0.062[ab]	3.17[a]	0.205[a]	2.18[a]	0.696[a]	1.61[a]	1.179[b]	1.05[b]	1.706[ab]
	N2R4	3.61[a]	0.063[a]	2.96[ab]	0.217[a]	2.01[ab]	0.767[a]	1.57[a]	1.280[a]	1.08[ab]	1.844[a]
	N2R5	3.70[a]	0.068[a]	3.14[a]	0.223[a]	2.08[ab]	0.775[a]	1.61[a]	1.275[a]	1.10[a]	1.820[a]
F 概率		*	*	*	*	*	*	*	*	*	*
LSD		0.132	0.005	0.274	0.021	0.221	0.078	0.151	0.091	0.062	0.172

续表

试验	处理	返青期		拔节期		孕穗期		抽穗期		灌浆期	
		Na	LAD	Na	LAD	Na	LAD	Na	LAD	Na	LAD
试验 3（仪征，2010—2011）	N0	3.07[c]	0.046[c]	2.05[c]	0.111[c]	1.05[d]	0.314[c]	0.94[c]	0.485[c]	0.83[c]	0.672[c]
	N1R1T1	3.71[ab]	0.056[b]	2.58[b]	0.176[b]	1.82[b]	0.607[b]	1.47[b]	1.003[b]	1.16[b]	1.472[b]
	N1R1T2	3.48[b]	0.045[c]	2.50[b]	0.158[b]	1.79[b]	0.576[b]	1.46[b]	0.944[b]	1.10[b]	1.348
	N1R1T3	3.47[b]	0.067[a]	2.45[b]	0.196[a]	1.49[c]	0.594[b]	1.42[b]	0.922[b]	1.06[b]	1.284[b]
	N1R2T1	3.93[a]	0.050[bc]	3.06[a]	0.172[b]	2.12[a]	0.650[ab]	1.73[a]	1.059[b]	1.34[a]	1.537[b]
	N1R2T2	3.63[a]	0.062[a]	2.88[a]	0.198[a]	1.84[b]	0.653[ab]	1.64[a]	1.058[b]	1.29[a]	1.561[b]
	N1R2T3	3.84[a]	0.057[b]	3.04[a]	0.192[a]	1.54[c]	0.625[b]	1.51[b]	0.979[b]	1.07[b]	1.425[b]
	N2R1T1	3.81[a]	0.068[a]	2.83[a]	0.196[a]	2.39[a]	0.713[a]	1.55[b]	1.224[a]	1.37[a]	1.813[a]
	N2R1T2	3.56[b]	0.062[a]	2.89[a]	0.192[a]	1.79[b]	0.673[ab]	1.66[a]	1.104[ab]	1.36[a]	1.573[b]
	N2R1T3	4.03[a]	0.057[b]	2.79[a]	0.195[a]	1.59[c]	0.639[b]	1.51[b]	1.009[b]	1.27[a]	1.464[b]
	N2R2T1	3.80[a]	0.067[a]	2.89[a]	0.216[a]	2.13[a]	0.768[a]	1.62[a]	1.297[a]	1.38[a]	1.966[a]
	N2R2T2	3.89[a]	0.061[a]	2.84[a]	0.205[a]	1.82[b]	0.716[a]	1.65[a]	1.212[a]	1.39[a]	1.854[a]
	N2R2T3	3.87[a]	0.063[a]	2.96[a]	0.224[a]	1.73[a]	0.732[a]	1.66[a]	1.218[a]	1.27[a]	1.824[a]
F 概率		*	*	*	*	*	*	*	*	*	*
LSD		0.241	0.007	0.224	0.035	0.236	0.087	0.071	0.193	0.172	0.284

续表

试验	处理	返青期		拔节期		孕穗期		抽穗期		灌浆期	
		Na	LAD	Na	LAD	Na	LAD	Na	LAD	Na	LAD
试验 4（新乡 2011—2012）	N0	2.86^d	0.075^c	2.77^c	0.143^c	1.34^d	0.612^c	1.38^d	0.852^c	0.95^c	1.303^d
	N1R1	2.96^c	0.092^b	2.50^{cd}	0.175^b	1.71^c	0.780^b	1.47^d	1.093^b	1.09^b	1.657^c
	N1R2	2.96^c	0.097^b	2.37^d	0.178^b	1.47^c	0.801^b	1.49^{cd}	1.105^b	0.97^c	1.682^{bc}
	N1R3	3.01^{bc}	0.102^b	2.85^b	0.188^{ab}	1.63^c	0.857^b	1.82^c	1.201^b	1.04^b	1.872^b
	N2R1	3.03^{bc}	0.084^b	2.85^b	0.166^b	1.97^b	0.796^b	1.61^b	1.175^b	1.18^a	1.933^b
	N2R2	3.08^b	0.100^b	2.55^{cd}	0.191^{ab}	1.90^b	0.879^b	1.83^b	1.251^b	1.12^a	2.010^{ab}
	N2R3	3.24^a	0.105^b	3.12^a	0.202^a	1.77^c	0.909^{ab}	1.75^b	1.298^{ab}	1.00^{bc}	2.097^{ab}
	N3R1	2.92^{cd}	0.102^b	2.85^b	0.189^{ab}	2.22^a	0.929^{ab}	2.06^a	1.348^a	1.23^a	2.240^a
	N3R2	3.30^a	0.105^b	2.82^b	0.204^a	1.98^b	0.969^a	2.04^b	1.398^a	1.08^b	2.317^a
	N3R3	3.29^a	0.113^a	2.91^{ab}	0.201^a	1.98^b	1.016^a	1.93^b	1.452^a	1.20^a	2.292^a
	N4R1	3.24^a	0.115^a	2.65^c	0.222^a	2.06^{ab}	1.005^a	2.13^a	1.421^a	1.16^a	2.273^a
	N4R2	3.31^a	0.112^a	3.06^a	0.217^a	2.26^a	1.063^a	1.98^{ab}	1.523^a	1.12^{ab}	2.415^a
	N4R3	3.35^a	0.115^a	3.02^a	0.217^a	2.32^a	1.051^a	2.16^a	1.509^a	1.16^a	2.361^a
F 概率		*	*	*	*	*	*	*	*	*	*
LSD		0.087	0.008	0.143	0.029	0.212	0.096	0.117	0.272	0.081	0.265

注：LSD 表示最小显著性差异（least significant difference）；* 表示 F 在 0.05 概率水平上有统计学意义；同一列中不同小写字母表示该列数据有显著性差异（$P < 0.05$）。

3. 基于 LAD 的临界氮稀释曲线的确定

利用试验 2 和试验 4 的数据，按照朱斯特（Justes）等人（1994）的方法建立了基于 LAD 的临界氮稀释曲线。两地的试验结果显示生长速率和品种对临界氮没有显著影响，两个品种的临界氮曲线也没有显著差异。两地数据共同拟合的临界氮稀释曲线如图 5-3 所示。当 LAD > 0.13 时，临界氮用下列公式 $y=1.6774x^{-0.37}$（$R^2=0.9095$）计算；当 LAD ≤ 0.13 时，用公式计算 LAD=0.13 时临界氮（3.57%）的常量值表示。

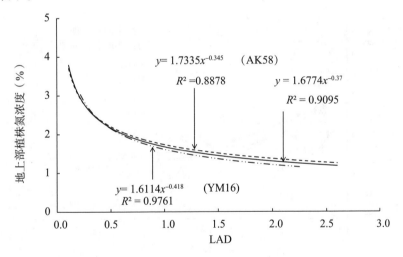

图 5-3　基于试验 2 和 4 数据建立的小麦地上部临界浓度稀释曲线

4. 临界氮稀释曲线的验证与应用

利用独立试验（试验 1 和 3）获得的数据，依据通用的检验方法（Justes et al.，1994；Ziadi et al.，2008，2010；Zhao et al.，2014）验证了本研究中建立的基于 LAD 小麦临界氮浓度稀释曲线。从试验 1 和试验 3 获得的不同氮肥处理数据，以每个年份、试验地点和采样日期的植株干重差异显著（$P \le 0.001$）的氮亏缺或氮过量生长条件为特征。当地上部生物量随施氮量的增加而显著增加时，各处理均被认为是氮限制性处理；而当过量施氮时，生物量随施氮量的增加没有显著增加（LSD < 0.05）。从氮限制处理获得的数据值几乎位于曲线下方，而过量氮供应的数据值则位于曲线附近或上方（图5-4）。新建立的基于 LAD 小麦临界氮稀释曲线很好地区分了氮亏缺和氮过量两种状况。因此，该曲线可用于小麦生长期内氮素营养状况的评价。本研究从非氮限制性处理中选择数据用于确定上限曲线（N_{max}），从没有施氮的氮限制性处理中选择数据用于确定下限曲线（N_{min}，图5-4）。

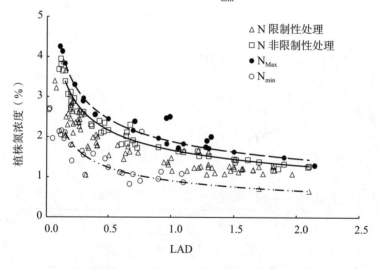

图5-4 小麦临界氮稀释曲线的验证

5. 植株氮状况的评估

在试验 3 中，两种施氮水平均相对较高（225 和 300 kg/ha）。然而，在一些氮基追比处理中的某些生长阶段，仍然显示出氮亏缺，例如，在 N1R1T1、N1R1T2、N1R1T3、N1R2T3 和 N2R1T3 等处理中，基肥水平相对较低（R1 处理）或追肥较晚处理（T3 处理）的几个发育阶段表现缺氮。在试验 1 中，N4 和 N5 处理的地上部氮浓度显著高于地上部临界氮。此外，N3 的氮浓度接近临界氮。然而，由于 N0、N1 和 N2 处理施氮水平较低，显示出显著的氮亏缺。临界氮在 N3 和 N4 水平之间（图5-5）。

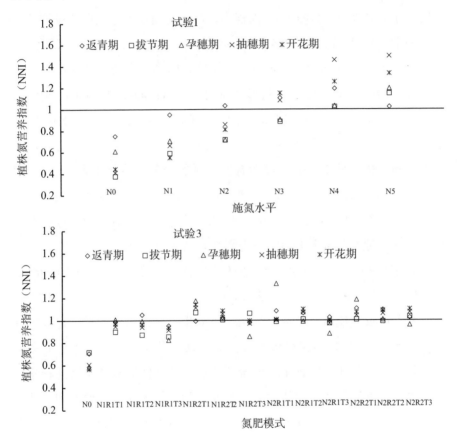

图 5-5　利用临界氮稀释曲线诊断试验 1 和试验 3 小麦植株氮营养状态

四、讨论

本研究在前人（Justes et al., 1994）研究基础之上，提出了基于 LAD 临界氮浓度稀释模型的设想，期望能更好地解释作物产量形成过程，并能更好地服务于小麦氮营养诊断管理。因为小麦产量形成过程就是干物质积累与分配的过程，作物产量与干物质积累量呈显著正相关关系。干物质积累速率实质上就是作物群体的生长率（crop growth rate，CGR），CGR与净光合速率（net photosynthetic rate，NAR）和LAI成正比，净光合速率（NAR）变幅较小，LAI变幅较大，因而产量增长主要取决于LAI（Lu et al.，1984）。作物的光合生产能力受到光合面积（可以通过测定LAI来量化）、光合面积持续时间和光合速率的限制。LAD综合了光合面积的大小和持续时间长短（Gastal，Bélanger，1993；Hammer，Wright，1994；Zhao et al.，2005），因此可以通过测量LAD来估计作物的生物量和产量。在本研究中，LAD随施氮水平的增加而增加，同时植株地上部氮浓度随着氮水平的降低而降低（表5-2）。以往对小麦（Justes et al.，1994；Zhao et al.，2012）、水稻（He et al.，2017）和玉米（Plénet，Lemaire，1999）等作物，也有类似的地上部生物量对发育时间和氮水平响应的研究结果的报道，结果一致。

大多数小麦临界稀释曲线是基于植株干重积累建立的（Justes et al.，1994；Yue et al.，2012；Zhao et al.，2012；曹强 et al.，2020）。本研究利用长江流域和黄河流域两个小麦生态区的试验数据，建立了一种新的基于LAD临界氮稀释曲线。该曲线与基于小麦植株干物质的临界氮稀释曲线相比，解释了受光合面积和持续时间影响的干物质积累过程，这两种临界氮稀释曲线的类型是相同的。考虑到不同地区和季节热条件的差异，同一品种在不同生态区域的生育期存在差异，因此用积温或相对积温能更好地统一不同生态区域小麦的生育进程，并能更好地消除不同生态区域温度差异带来的氮效应干扰。本研究在计算LAD时考虑了温度效应（热时间），但其所需要的积温基本接近。

此外，因为大多数仪器设计用于测量LAI，LAI比地上部干物质更容易通过仪器获得。与基于LAI的临界氮稀释曲线相比，基于LAD的氮稀释曲线可以更好地描述整个作物生长期的氮稀释，而基于LAI的氮稀释曲线仅量化了抽穗期之前（当 LAI 达到其最大值）的氮动态（Ata-Ul-Karim et al.，2014b；Zhao et al.，2014）。由于开花后小麦群体 LAI 下降趋势，不呈 S 形曲线，不能作为作物氮稀释的适宜指标。因此，将基于 LAI 的曲线集成到作物生长模型中是不合适的，特别是那些利用作物整个生长期的临界氮曲线来模拟作物氮素动态的模型，如基于作物环境资源综合系统（crop environment resource synthesis，CERES）的小麦（Ritchie，Otter，1985）和农业生产系统模拟模型（agricultural production systems simulation model，APSIM）—小麦（Zhao et al.，2014）。因此，基于 LAD 的临界氮稀释曲线综合了基于 LAI 和基于 DM 氮稀释曲线的优点。本研究建立的临界氮稀释曲线中的初始氮浓度与赵（Zhao）等人（2012）测定的初始氮浓度接近。然而，本研究结果（针对中低蛋白质品种）显示，与岳（Yue）等（2014）和朱斯特（Justes）等（1994）使用的高蛋白质品种氮浓度存在显著差异（图 5-6）。高蛋白品种往往具有较好的生根能力，能够吸收和同化更多的氮，因此应该对更多的品种进行试验，以验证这一方法的有效性。

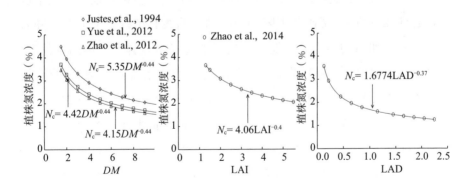

图 5-6　基于不同方法建立的临界稀释曲线比较

本研究依据基于 LAD 的临界氮稀释曲线计算了小麦不同生育时期的 NNI。由于试验采用了不同的基追比和追肥时期氮肥处理，每个氮处理水平 NNI 值在不断变化（图 5-5）。结果表明，基于本研究构建曲线计算的 NNI 可以很好地反应不同植株氮素影响状况。由于不同的施氮方式和土壤氮素矿化，土壤供氮能力不断变化，用于实时诊断的作物氮素营养状况的瞬时 NNI 值变化很大（图 5-5），不能用于检测整个生长时期的氮素亏缺状况（Lemaire et al.，2008）。可以通过综合氮素亏缺持续时间和强度的积分氮营养指数（NNI_{int}）来评价（Lemaire，Gastal，1997；Colnenne et al.，2002）。NNI_{int} 与 DM、LAD、Na 及产量之间的关系与先前的研究报告类似（Colnenne et al.，2002；Lemaire et al.，2008）。本研究将在第六章论述氮营养状况与生长指标、产量及产量结构之间的定量关系，有助于我们更深刻地理解植物氮素状况与产量形成之间的关系，更好地服务于氮营养诊断与调控管理。

五、小结

本研究在分析小麦 LAD 与干物质动态变化的基础上，融合了基于植株干物质和基于 LAI 小麦临界氮稀释曲线的优点，提出了一种新的、基于 LAD 的小麦临界氮稀释曲线。结果表明，植株地上部氮浓度随着 LAD 的增加呈幂函数下降；LAD 动态曲线和植株氮浓度曲线随着施氮量的增加而同步上移，能较好地反映施氮量差异。在不同条件下，氮吸收与 LAD 的定量关系是稳健的，构建的小麦临界氮稀释曲线是：$N_c=1.6774LAD^{-0.37}$（LAD $>$ 0.13）；当 LAD $\leq$ 0.13 时，$N_c=3.57\%$。利用独立的试验资料，基于新建立的临界氮稀释曲线计算 NNI，结果更好地反映了不同生长阶段的限制性和非限制性氮营养状况。以上结果表明，本研究所建立的临界氮稀释曲线为评价作物氮素营养状况提供了一种新的方法和途径，可用于氮素的诊断和管理。

第六章　基于地上部干重的小麦临界氮浓度稀释曲线的不确定性分析

　　临界氮稀释曲线已被广泛用于植物的氮状况诊断、氮肥管理、作物模型和遥感监测。小麦是全球的主要农作物，其在不同条件（基因型 × 生长环境 × 管理措施）下构建的临界氮浓度稀释曲线显示出较大的参数差异。本研究选用来自中国5个小麦种植地点的19个氮肥试验数据（$n = 656$），利用贝叶斯理论方法评估临界氮稀释曲线的不确定性并解释其差异来源。研究表明，拟合曲线的不确定性随着植株生物量的升高而降低，基因型 × 生长环境 × 管理综合效应下拟合的曲线显示参数 b 比 a 的变异程度更大，不同基因型和种植地点参数差异较小。营养生长期内基因型和生长环境因素，即最大氮浓度、最大生物量、VPD 和 AGDD 是曲线参数差异的来源。尽管基因型 × 生长环境 × 管理措施综合效应下建立的临界氮稀释曲线差异显著，但是氮营养指数（NNI）差异仍然相对较小。研究结果为构建更具通用性和实用性的临界氮稀释曲线，并优化小麦氮肥管理提供了参考。

一、引言

小麦是世界数十亿人口的主粮。随着人口的快速增长和生活水平的提高，人们对粮食的需求越来越高（Ortiz et al., 2008）。氮素作为农业生产中化学肥料的最大用量元素（Zhao et al., 2007；Dambreville et al., 2008），因其对环境的负面影响引起了全世界的关注（Reis et al., 2016）。农民通常施用过量的氮肥以确保小麦高产（Heffer，2009）。然而，过量施用氮肥并未显著提高小麦产量，反而会增加环境污染和资源损失的风险（Chen et al., 2014）。因此，建立科学的氮素营养诊断方法，提高人们对氮素营养与作物生长之间关系的认识，是优化氮肥管理，满足作物所需氮素、充分挖掘作物产量潜力、提高氮肥回收利用效率，并最大限度地减少氮素对环境负面影响的关键（Zhao et al., 2009）。

作物临界氮稀释理论的建立提高了我们对作物生长和氮素积累的认识（Lemaire，Salette，1984a，b）。通常使用幂函数稀释曲线（幂函数 $N_c = aDM^{-b}$）来描述作物氮浓度随生物量增加而下降的过程，N_c 为临界氮浓度，a、b 是模型的估计参数，a 是地上部生物量为 1 t/ha 时的植株氮浓度，b 为控制模型曲线斜率的数学参数。由临界氮浓度稀释曲线计算而来的氮营养指数（NNI）是量化评估小麦氮营养状况和施肥决策的有效指标，当 NNI 值为 1 时，表示最佳植株氮营养状态，$NNI > i$ 或 1 时，则分别表示氮营养过剩和不足（Lemaire et al., 2008）。作物临界氮浓度稀释曲线的概念自建立以来，已对多种作物进行了评估，包括小麦（Justes et al., 1994；Yue et al., 2012）、水稻（Sheehy et al., 1998，Ata-Ul-Karim et al., 2013；He et al., 2017）、玉米（Plénet，Lemaire，1999；Ziadi et al., 2007）、油菜（Cornenne et al., 1998）、马铃薯（Bélanger et al., 2001），已经被广泛应用于作物氮营养评价、生长预测和施肥管理（Chen et al., 2021）。因此，准确评估大田作物植株氮营养状况需要可靠的临界氮曲线。

法国小麦（Justes et al., 1994）的临界氮浓度稀释曲线为 $N_c = 5.35\ W^{-0.44}$，它被用于全世界小麦生产中（Stockle, Debaeke, 1997; Jeuffroy, Recous, 1999）。此后，更多的研究人员开发了不同生长条件下的临界氮浓度稀释曲线，并试图改善特定条件下临界氮浓度稀释曲线性能。岳（Yue）等（2012）将华北平原小麦临界氮稀释曲线确定为 $N_c = 4.15\ W^{-0.38}$。赵（Zhao）等（2020）和郭（Guo）等（2020）使用不同灌溉条件下的小麦试验数据重新校准了临界氮稀释曲线后，指出了不同水分条件下临界氮浓度稀释曲线的差异。赵（Zhao）等（2020）提出了在不同灌溉条件下修改曲线的方法。研究还表明，同一试验中两个基因型不同的小麦品种氮浓度稀释曲线不同（Zhao et al., 2012）。这些结果表明，临界氮浓度稀释曲线参数受到作物生长环境、管理和基因型的影响。尽管这些差异可能反映不同条件下的实际差异，但它们可能显示模型参数估测误差（Chen, Zhu, 2013），因此有待开展进一步研究，揭示临界氮浓度稀释曲线参数随基因型 × 生长环境 × 管理措施变化而变化的规律，并分析临界氮浓度稀释曲线的不确定性，明确其差异来源，进而构建通用性较强的小麦氮素营养诊断工具。马可夫斯基（Makowski）等（2020）和钱皮蒂（Ciampitti）等（2021）利用贝叶斯理论方法分析了主要田间作物（小麦、玉米和水稻）的临界氮浓度稀释曲线参数的不确定性。该方法可以直接从地上部干重和氮浓度测量值对这些曲线进行拟合。基于该方法可以计算出拟合曲线的置信区间和参数概率分布，用于比较各种作物、栽培品种或种植制度，并估计参数的不确定性。本研究旨在通过分析小麦营养生长期的大量氮肥试验数据（生物量和氮浓度），采用贝叶斯方法评估拟合临界氮浓度稀释曲线的不确定性，并比较不同条件（基因型 × 生长环境 × 管理措施）下临界氮稀释曲线的统计差异，分析不同件下拟合临界氮浓度稀释曲线参数的差异来源，探讨曲线差异对氮素诊断的影响。

二、本章涉及的试验基本信息和方法

1. 本章涉及的试验基本信息

本章涉及的试验基本信息见表 6-1。

表 6-1　田间试验详情

编号	试验简称	年度（年）	地点	品种	施氮水平（kg/ha）	追肥比例（%）	播种日期	基本苗（×10⁴ 棵/ha）
1	2004-NJ-NM9	2003—2004	南京	宁麦9	0-75-150-225-300	50	2003-8-25	180
2	2004-NJ-HM20	2003—2004	南京	淮麦20	0-75-150-225-300	50	2003-8-25	180
3	2006-NJ-NM9	2005—2006	南京	宁麦9	0-90-180-270	50	2005-11-18	180
4	2006-NJ-YM34	2005—2006	南京	豫麦34	0-90-180-270	50	2005-11-18	180
5	2008-NJ-NM9	2007—2008	南京	宁麦9	0-90-180-270	50	2007-8-25	150
6	2010-YZ-YM16	2009—2010	仪征	扬麦16	0-75-150-225-300	50	2009-11-5	180
7	2010-YZ-NM13	2009—2010	仪征	宁麦13	0-75-150-225-300	50	2009-11-5	180
8	2011-YZ-YM16	2010—2011	仪征	扬麦16	0-75-150-225-300-375	50	2010-11-6	180
9	2011-YZ-NM13	2010—2011	仪征	宁麦13	0-75-150-225-300-375	50	2010-11-6	180
10	2011-YZ-YM16*	2010—2011	仪征	扬麦16	0-225-300	70-60-50-40-30	2018-8-18	240

编号	试验简称	年度（年）	地点	品种	施氮水平（kg/ha）	追肥比例（%）	播种日期	基本苗（×10⁴ 棵/ha）
11	2011－YZ－YM16**	2010—2011	仪征	扬麦16	0－225－300	（60－50－40）×（T1－T2－T3）	2010－11－7	240
12	2012－XX－AK58	2011—2012	新乡	矮抗58	0－75－150－225－300	65－50－35	2011－11－7	300
13	2013－RG－XM30	2012—2013	如皋	徐麦30	0－75－150－225－300	50	2012－8－28	225
14	2013－RG－NM13	2012—2013	如皋	宁麦13	0－75－150－225－300	50	2012－8－28	225
15	2014－RG－XM30	2013—2014	如皋	徐麦30	0－75－150－225－300	50	2013－8－26	225
16	2014－RG－NM13	2013—2014	如皋	宁麦13	0－75－150－225－300	50	2013－8－26	225
17	2014－XZ－XM30	2013—2014	徐州	徐麦30	0－90－180－270－375	50	2013－8－26	240
18	2014－XZ－JM22	2013—2014	徐州	济麦22	0－90－180－270－375	50	2013－8－26	240
19	2015－RG－NM13	2014—2015	如皋	宁麦13	0－120－225－330	50	2014－8－27	225
20	2015－RG－YFM4	2014—2015	如皋	扬辐麦4	0－120－225－330	50	2014－8－27	225
21	2015－RG－HM20	2014—2015	如皋	淮麦20	0－120－225－330	50	2014－8－27	225

续表

编号	试验简称	年度（年）	地点	品种	施氮水平（kg/ha）	追肥比例（%）	播种日期	基本苗（×10⁴棵/ha）
22	2016-SH-XM30	2015—2016	泗洪	徐麦30	0-90-180-270-360	50	2015-8-23	225
23	2016-SH-HM20	2015—2016	泗洪	淮麦20	0-90-180-270-360	50	2015-8-23	225
24	2016-XX-ZM27	2016—2017	新乡	周麦27	0-180-270	25-33.3	2015-8-20	350

注：T1、T2、T3分别为3个不同追施氮肥时期，倒3叶期（T1），倒2叶期（T2），倒1叶期（T3）。

2.分析方法

氮稀释曲线的不确定性分析是基于贝叶斯理论和马尔可夫链蒙特卡洛算法（Markov Chain Monte Carlo，MCMC）来估计模型参数的后验分布。

三、结果分析

1.植株临界氮浓度稀释曲线的不确定性

随着植株生物量的增加，植株氮浓度被稀释，每个品种生物量—氮浓度的稀释曲线见图6-1。生物量水平决定了临界氮浓度稀释曲线的不确定性，曲线的不确定性水平（拟合曲线95%置信区间宽度）随生物量水平的增加而降低。在较低的生物量水平（1 t/ha）下，置信区间宽度为0.59%～2.43%不等。在较大的生物量水平（15 t/ha）下，置信区间宽度为 0.17% ～ 0.85% 不等。总的来说，参数 a 和 b 的相对不确定性水平（95% 置信区间宽度与中位数的比值）分别约为 0.31% 和 0.47%。

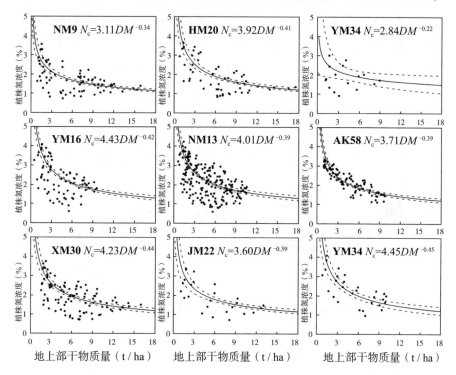

图 6-1　营养生长期每种基因型的植株氮浓度与植物生物量之间的关系

置信区间的宽度在生物量约为 5 t/ha 时下降到最低，然后保持较低的宽度，而 YM34 在不确定性下降到最小后，随着生物量的增加，不确定性继续增加（图 6-2）。曲线的不确定性除了受生物量水平影响，还受到试验数据集大小影响（图 6-2）。增加取样次数或试验处理数量降低了临界氮浓度稀释曲线的不确定性，AK58 开展了 13 个氮肥处理（包括 5 个施氮水平和 3 个追肥比例）以及 7 次取样（共 91 对数据），其曲线不确定性维持在较低水平。较少的取样次数或试验处理使不确定性（置信区间宽度）维持在较高的水平，YFM4 仅开展了 4 个氮肥水平试验（共 28 对数据），YM34 仅进行了 4 次取样（共 12 对数据）。混合所有试验数据估测的临界氮浓度稀释曲线不确定性水平最低（图 6-2），在整个营养生长期能保持在非常低的水平，当生物量水平超过 3.3 t/ha，其置信区间宽度能稳定在 0.1% 以下。尽管混合所有试验数据估测的临界氮浓度稀释曲线具有极低的不确定性，但也损失了小麦在不同种植条件（基因型 × 生长环境 × 管理措施）下临界氮浓度稀释曲线的细节反映。

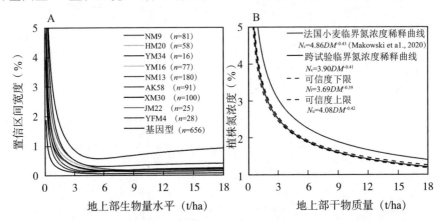

图 6-2　生物量水平与置信区间宽度的关系（A）与法国小麦临界氮浓度稀释曲线
比较（B）

2. 拟合曲线的差异分析

不同基因型、种植地点和年份之间临界氮浓度稀释曲线存在显著差异（图 6-3），较大的参数 a 和 b 值分别意味着曲线较高的初始氮浓度和更快的氮浓度稀释速率。为比较每个小麦试验数据独立估计的参数 a 和 b 的差异，本研究绘制了所有拟合曲线参数值分布的箱线图（图 6-4）。19 条曲线参数 a 和 b 后验分布中值分别为 2.08 ～ 5.47 和 0.20 ～ 0.52。每个试验独立拟合的曲线参数值在混合所有试验数据拟合的曲线参数值附近波动（图 6-4），混合曲线的参数 a 和 b 中值分别为 3.8979 和 0.4051。拟合曲线参数后验分布中值 a 和 b 具有一致的变化趋势，除了 2013-RG-NM13 试验未表现出相应的规律，参数 a 和 b 的变化是同步进行的，较大的 a 值对应较大的 b 值。

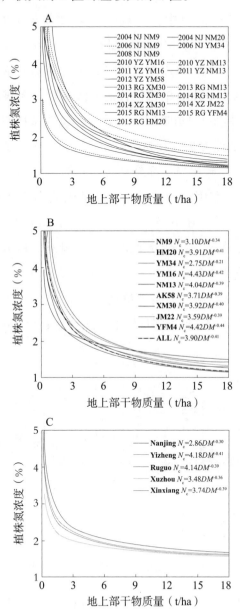

图 6-3　19 个试验（A）、9 个基因型（B）、5 个种植地点（C）临界氮浓度与地上部
干重之间的关系

对于 19 个试验独立拟合的曲线，其参数 a 仅在试验 2014-XZ-JM22 和 2014-XZ-XM30 中观察到无显著性差异（$P < 0.05$），剩余 17 条拟合曲线参数 a 是不相同的（图 6-4A）。除了 2004-NJ-NM9 和 2004-NJ-HM20、2011-YZ-NM13 和 2014-RG-NM13、2014-XZ-JM22 和 2012-XX-AK58 单独拟合的曲线参数 b 无显著差异，大部分拟合曲线参数 b 是不相同的（图 6-4B），说明基因型 × 生长环境 × 管理措施对拟合曲线参数 a 和参数 b 均有显著影响。值得注意的是，本研究的 19 条曲线，有相当一部分是在相同的生长环境和管理措施下种植的，这也反映了基因型的差异。不同基因型小麦品种拟合曲线参数差异显著（$P < 0.05$，图 6-5），对于参数 a，YFM4、JM22 和 YM16 没有观察到显著差异，其余 6 个品种差异显著。与 a 相比，9 个品种都表现出了不同的参数 b 值，意味着生长环境 × 管理措施对曲线参数 b 和 a 均有显著影响。不同种植地点拟合曲线参数差异显著（$P < 0.05$，图 6-4，图 6-6），不同种植地点间参数 a 和 b 都不相同。

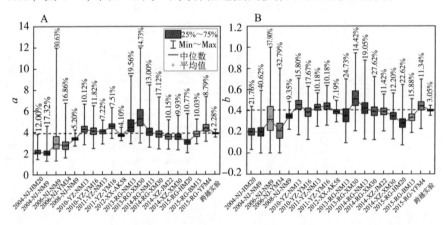

图 6-4　每个试验拟合曲线参数 a（A）和 b（B）的后验分布箱形图

与参数 b 相比（图 6-4），参数 a 值显示基因型 × 生长环境 × 管理措施效应间的变异系数（标准偏差与平均值的比值）较小（$CV = 12.47\%$），b 值的变异程度更大（$CV = 19.09\%$），表明临界氮浓度稀释

曲线参数 a 值受基因型 × 生长环境 × 管理措施综合效应影响较小。对于基因型（图6-5），曲线参数 a（7.96%）较 b（11.66%）显示出更小的变异系数。对于种植地点（图6-6），拟合的曲线参数 a（5.00%）较 b（7.23%）也显示出更小的变异系数。相较于基因型 × 生长环境 × 管理措施综合效应，观察到小麦基因型和种植地点曲线的变异系数更小。总的来说，小麦临界氮浓度稀释曲线参数 b 的变异系数高于 a。

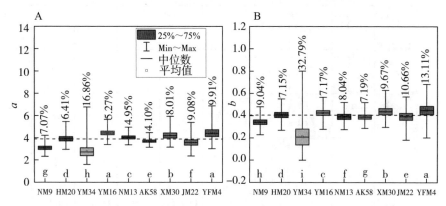

图6-5　每个基因型拟合曲线参数 a（A）和 b（B）的后验分布箱形图

注：虚线表示曲线参数 a（$y=3.90$）和 b（$y=0.41$）的后验分布中位数；实线连接了参数 a 和 b 的后分布中位数；不同的小写字母表示差异显著（$P < 0.05$）；百分比表示变异系数（variable coefficient，CV），下同。

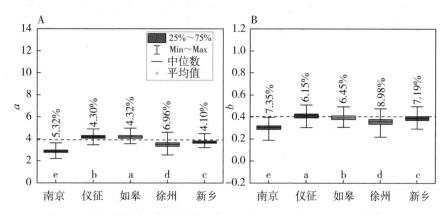

图6-6　每个种植地点拟合曲线参数 a（A）和 b（B）的后验分布箱形图

3. 分析临界氮浓度稀释曲线参数差异来源

参数 a 和 b 极显著相关（图6-7），两者均受到基因型的影响，N_{max} 与曲线参数 a 和 b 呈极显著正相关关系，表明小麦 N_{max} 决定了临界氮浓度稀释曲线。

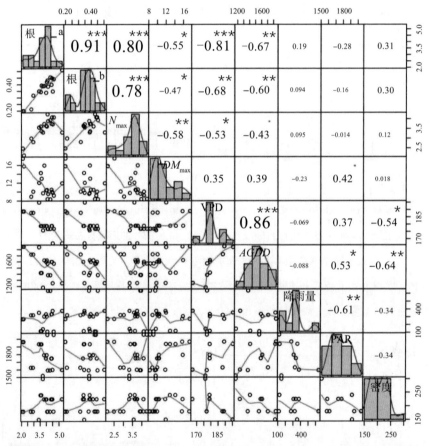

图6-7 拟合曲线参数、基因型、生长环境和管理措施之间的相关系数和显著性

营养生长期小麦 DM_{max} 显示出与曲线参数 a 和 b 显著负相关关系，高生物量水平具有较低的参数 a 和 b 值。仅有 AGDD 与 a 和 b 呈显著负相关，未观察到降雨量和光合有效辐射（PAR）对拟合曲线参数 a 和

b 的影响。但是，N_{max}、DM_{max}、营养生长天数（vegetative period day，VPD）和 AGDD 之间的显著关系表明，生长初期植物氮浓度也受生长环境的影响（图 6-7）。光合有效辐射（PAR）对小麦开花前的最大生物量有积极影响。尽管小麦种植密度对拟合曲线参数没有显著影响，但与小麦 VPD 呈正相关。种植密度高的小麦 VPD 更长。总体而言，基因型和生长环境都对拟合曲线参数有重大影响，种植密度也对拟合曲线参数有潜在影响。

4. NNI 估算

基因型 × 生长环境 × 管理措施综合效应下建立的临界氮曲线显示出统计学差异，但差异相对较小。通过平均和特定条件下临界氮浓度曲线计算得出，NNI 之间的 n- 均方根误差（root mean square error，RMSE）较低（11.52%，图 6-8A）。这些结果表明，如果将平均临界氮浓度曲线用于 NNI 计算，则可接受统计学上的误差。除了在试验 2004-NJ-HM20、2004-NJ-NM9 和 2013-RG-NM13 中计算出的 NNI，由大多数特定条件下曲线计算出的 NNI 与平均曲线之间的偏差很小。与低的生物量（DM < 5 t/ha）相比，高的生物量（DM > 5 t/ha）估计误差略低，n-RMSE 分别为 12.33% 和 10.70%（图 6-8B）。

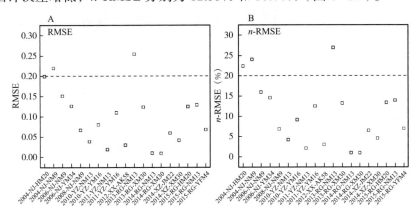

图 6-8　比较使用平均和特定临界氮曲线得出的 NNI

四、讨论

前人的研究很少能综合分析大量且严格的氮肥试验数据（至少 4 个氮肥水平，3 次重复，营养生长期进行 4 次以上取样获取地上部、器官干物质、LAI 和氮含量数据），本研究运用马科夫斯基等（2020）最近提出的贝叶斯理论框架测试了来自 5 个试验地、19 个小麦氮肥试验的生物量与植株氮浓度。正如马科夫斯基报告，小麦临界氮浓度稀释曲线的不确定性水平取决于生物量水平。低生物量时，响应曲线是垂直的（氮浓度高，生物量非常低），确定临界氮浓度值的精度非常低，从而导致参数 a 具有很高的不确定性。然而，随着高生物量的响应曲线走平（氮浓度低，生物量大），高生物量使氮浓度的不确定性变得相对较低。a 和 b 之间的高度相关性意味着 b 吸收了 a 中的部分不确定性。同时，拟合曲线的数据集大小（试验处理数 × 取样次数）决定了小麦临界氮浓度稀释曲线的不确定水平高低，较大的数据集具有较低的拟合曲线不确定性，更利于反映临界氮浓度稀释曲线的真实差异。通过在此期间集中更多的数据点或使用更有效的试验设计（包含许多重复样本）来减少数据点的分散，将减少低生物量的不确定性（Ratjen，Kage，2016）。准确估算临界氮稀释曲线并反映真实差异而不是测量和统计误差，这有助于更加清晰地判断所拟合临界氮浓度稀释曲线的差异来源（Chen，Zhu，2013）。

拟合的 19 条小麦临界氮稀释曲线大多数表现不同，不同的曲线反映出基因型 × 生长环境 × 管理措施组合对小麦生长过程生物量和氮浓度相对变化的综合效应。因此，需要重新评估临界氮浓度稀释曲线的拟合参数，否则增加了作物氮素营养诊断误差和施肥管理的决策风险（Yin et al.，2018；Makowsk et al.，2020；Zhao et al.，2020）。作物氮浓度下降由两个过程产生：被遮阴部分叶片中氮素向冠层顶部转运，导致被遮阴部分叶片氮浓度下降；植株为获取更多光照不断向上生长，导致植株茎秆和叶片比例的不断变大（Greenwood et al.，1990；Justes，1994）。参数 a 指小麦生物量为 1 t/ha 时的植株氮浓度，即作物营养生长早期的植株氮浓度状态。作物生长初期没有互相竞争，在充足的光照下，主要由代谢组织组成的氮稀释程度非常低（Le Bot et al.，1998；Mills et al.，2009）。曲线参数 a 变化较小，因此可以认为同一个基因型作物在生长早期植株氮浓度是恒定的，其反映了基因型的差异。相同基因型小麦品种在不同生长环境 × 管理措施组合下表现出参数 a 差异较小，说明该值受生长环境 × 管理措施的影响轻微。小麦营养生长早期氮浓度变化可能不仅反映基因型的真实表现，也受到生长环境 × 管理措施的效应影响，参数 a 和 N_{max} 均受到来自 AGDD 的负效应，可能由于漫长的越冬期不同的生长环境改变了小麦植株氮浓度。值得注意的是，本研究数据集仅考虑小麦生物量超过 1 t/ha 时的氮浓度变化，可能忽视了作物更早期植株氮浓度的变化。大量研究表明，具有更强氮肥摄取能力的小麦基因型往往参数 a 值高，其植株结构性组织的快速增加和代谢组织含量被稀释，因而其植株氮浓度下降速率也更快（Ata-Ul-Karim et al.，2013；Caloin et al.，1984），参数 b 也更大。综合分析显示，a 值更大意味着更大的 b 值、更高的小麦生物量以及更短的 VPD。高氮吸收的基因型可以积累更多的干物质，从而导致植物氮的浓度更高（Yue et al.，2012）。

　　参数 b 指植株氮浓度随生物量增加的稀释过程，是氮浓度稀释的具体模式。在本研究结果中，拟合曲线参数 b 的变异程度高于参数 a。基因型 × 生长环境 × 管理措施对其综合效应略大于参数 a，这与先前的研究结果相似（Kage et al.，2002；Sheehy et al.，1998；Ziadi et al.，2007；Justes et al.，1994），小麦生长过程中氮素随生物量的变化更易受其种植的环境影响。基因型和生长环境对参数 b 影响较小，其中也包含了管理因素的效应。氮浓度越高的小麦基因型曲线参数 b 值越大，高生物量的基因型、VPD 生长和 AGDD 增加了小麦的营养生长，旺盛的生物量积累能力延缓了植株衰老，降低了植株氮浓度下降的速度。另外，光合有效辐射（PAR）和种植密度对曲线参数 a 和 b 未表现出直接相关性。然而，更多的光照增加了小麦营养生长期的物质积累，从而成为影响曲线参数差异的潜在因素。前人研究表明，密度对于玉米氮素临界曲线的 a 和 b 值具有显著的影响（Greenwood et al.，1990；Ziadi et al.，2007）。然而，本研究并没有观察到种植密度对曲线的显著影响，可能是由于小麦是多分蘖的作物，分蘖的发生会根据密度的大小来调节，冬末早春分蘖数量可能会影响早期的临界氮稀释曲线。谢格奈（Seginer，2004）证明，作物生长早期的群体密度是氮稀释过程中的一个重要因素，它解释了法国小麦氮浓度相对较高的原因（Justes et al.，1994 年；图 5-2）。小麦植株冠层中氮的不均匀分配及光在冠层中的垂直分布与作物衰老有关，较大种植密度的小麦将先达到生物量 1 t/ha，其营养生长时间更短，与低密度种植小麦更大的单株生物量相比，高密度下小麦含有更少的结构组织（茎鞘和叶脉等）。正如 VPD 生长天数与参数 a 负相关性显示的那样，营养生长时间更短的条件下，其早期植株氮浓度也更低，其曲线参数 b 也更大。因为所有试验均在灌溉条件下进行，降雨量对曲线参数 a 和 b 的影响尚未确定。在作物生长期的氮素营养管理过程中，特别是氮亏缺时，NNI 精确度取决于临界氮浓度稀释曲线的可靠性。因此，评估这些曲线差异至关重要。研究显示，基因型 × 生长环境 × 管理措施之间的临界氮稀释曲线差异具有统计学意义，但NNI 差异相对较小。在早期生长阶段观察到的高度不确定性表明，基于NNI 的植物诊断应在植物生理发育后进行，以减少不确定性。

五、小结

本研究使用贝叶斯理论来估测小麦临界氮浓度稀释曲线参数，成功进行了基因型 × 生长环境 × 管理措施的综合分析，以确定拟合曲线的不确定性和参数差异。生物量水平决定了拟合曲线的不确定性水平，增加生物量－氮浓度的观测值有助于降低整个曲线的不确定性水平，从而准确确定临界氮浓度曲线。在基因型 × 生长环境 × 管理措施的综合效应下，曲线参数 a 的变异程度小于 b，不同基因型和种植地点表现出轻微的参数差异。在营养生长期，基因型和环境因素（即最大氮浓度、最大生物量和累积生长度日）是曲线参数差异的来源。尽管基因型 × 生长环境 × 管理措施之间的临界氮浓度曲线差异显著，但计算的 NNI 差异仍然相对较小。

第七章　基于器官干重和 LAI 的小麦临界氮稀释曲线不确定性分析

　　基于器官尺度的小麦临界氮浓度稀释曲线为氮素营养诊断提供了多种解决方案，然而这些曲线在不同品种、环境条件下的不确定性及差异来源还未明确。本研究选用了来自我国小麦主产区包含高中、低、筋 6 个不同基因型品种的 14 个小麦氮素试验数据，利用分层贝叶斯模型理论和算法方法，建立并评估了基于不同器官的临界氮稀释曲线的不确定性水平并解释其差异来源。研究表明，干物质水平决定了拟合曲线的不确定性。增加观测值（干物质－氮浓度）有助于通过降低所有曲线的不确定性水平，准确确定临界氮稀释曲线。在基因型 × 环境 × 管理的综合作用下，曲线参数 a 的变化小于 b。基因型、种植环境和栽培措施，即营养生长期最大干物质、VPD、累积生长期天数以及种植密度是曲线参数差异的来源，基于器官干重和 LAI 的临界氮曲线均能替代基于植株 DM 的氮稀释曲线，但基于叶片较接近基于植株干物质的临界氮稀释曲线的 NNI 结果，同时基于叶片、茎与地上部干物质氮稀释曲线的 NNI

结果更为接近。研究结果将拓展临界氮稀释理论在作物氮诊断及在作物模拟模型中的应用范围，为小麦器官氮素诊断、器官氮素积累与分配以及氮肥管理提供新的途径与工具。

一、引言

小麦在保障世界人口粮食安全方面发挥着关键的作用，对小麦需求量的持续增长、耕地面积的减少，使提高单位面积产量成了作物科学研究的主要目标。氮肥因在调控作物产量方面的作用而被大量使用，农业系统中过量氮肥的投入会对小麦生长产生负面影响（Heffer，2009），并污染环境和浪费资源（Chen et al.，2014）。因此，进行作物氮素诊断、作物氮需求估算、氮肥精确管理是提高小麦产量、提高氮肥利用率的重要手段（Ata-Ul-Karim et al.，2017a）。

作物氮需求估测需要作物氮营养状态的相关信息，一般通过作物最优（optimum）或者临界氮浓度的概念进行估计。临界氮浓度是指满足作物最大生长量所需的最小氮浓度（Ulrich，1952）。勒迈尔（Lemaire）等（1984）提出了临界氮稀释曲线的概念，利用幂函数曲线（$N_c=aDM^b$）描述作物氮浓度随干物质增加而下降的情况，a 和 b 是曲线参数，用于控制临界氮稀释曲线的起点及斜率。基于临界氮稀释曲线计算的氮营养指数（NNI）被认为是量化植物氮营养状态和优化氮肥施用策略的可靠工具，当 NNI 值为 1 时，表示最佳植株氮营养状态，而 NNI 大于或小于 1 则分别表示氮营养过剩和不足（Lemaire et al.，2008）。自临界氮稀释曲线概念建立以来，前人的研究已经对一些作物进行了评估，包括水稻、玉米、小麦、油菜和马铃薯等 30 多种作物，此概念已被广泛用于评估作物氮营养、生长预测和施肥管理（Chen et al.，2021）。

上述临界氮浓度稀释曲线是基于植株 DM 开发的。由于结构组织随着死植株干物质的增加而增加，植株氮浓度的降低与茎氮浓度的降低有关。相比之下，在整个营养生长期，植物保持较高的叶片氮浓度以进行最佳的光合作用，但密闭的植株冠层会降低下部叶片的氮浓度。胁迫响应可以改变植株不同部位的干物质分配，因此氮稀释曲线的形状可能会因分析植株器官部位的变化而变化（Kage et al.，2002）。在营养生长过程中，叶片是植物生长的中心，是进行光合作用功能的重要器官。优化植物不同部位（叶和茎）之间干物质和氮素的分配，可以满足叶片的生长需求。Ata-Ul-Karim 等（2017 b）比较了粳稻和籼稻基于植株干物质、LAI、叶和茎干物质的临界氮稀释曲线计算的 NNI，发现基于植株干物质与基于叶干物质的 NNI 相关性最好。姚（Yao）等（2014a，b）基于中国东部水稻和小麦叶片干物质估计了叶片临界氮稀释曲线。其中，基于小麦叶片干物质的曲线（系数：$a = 3.06$，$b = -0.15$）低于已发表的基于地上部干重的参考曲线。而强（Qiang）等（2015）构建的曲线则高于其他曲线（系数：$a = 3.96$；$b = -0.14$）。又有研究表明，与雨养条件相比，灌溉提高了中国东南部小麦的叶片氮临界值（Guo et al.，2020）。对于水稻（Ata-Ul-Karim et al.，2017b）和小麦（Guo et al.，2020），基于茎干物质的临界氮稀释曲线通常显示出较低的初始值和植物生长过程中更陡峭的下降。苏文楠等（2021）构建了夏玉米植株、茎和叶干物质 3 种临界氮浓度稀释曲线，指出 3 种曲线均能很好地诊断玉米氮营养状况，基于叶片干物质和茎干物质可以取代基于植株干物质建立的临界氮浓度稀释曲线对玉米进行氮素营养诊断和产量预测。西林（Sieling）等（2021）对小麦、油菜和玉米不同器官 NNI 研究发现，不同器官与植株氮营养状态具有良好的一致性。基于器官干物质的临界氮稀释曲线，可更加清晰地认识到氮素在作物各器官间变化规律，为更全面的作物氮素诊断提供了依据，这对作物长势和营养状态评估增加了多元的数据来源。

近年来，农业模型的不确定性得到了广泛的关注，乌科夫斯基（Makowski）等（2020）提出了分析主要田间作物（小麦、玉米和水稻等）临界氮稀释曲线参数不确定性的方法。该方法基于贝叶斯理论，可以直接利用原始干物质和氮浓度测量数据，对曲线进行拟合，分析其不确定性。钱皮蒂（Ciampitti）等（2021）基于贝叶斯理论，通过马尔科夫链蒙特卡洛方法（Markov Chain Monte Carlo）研究了不同环境 × 基因型 × 管理措施下基于 DM 临界氮稀释曲线的不确定性。本研究在第四章基于我国多年地多点不同品种和氮素管理的试验资料上，研究了基于小麦地上部干物质临界氮稀释曲线的不确定性。然而，基于器官和LAI 临界氮稀释曲线不确定性的研究还未有报道，同时基于不同氮稀释曲线的 NNI 是否具有一致性，有待进一步研究。

因此，本研究目的是：①确定小麦基于器官尺度（叶、茎干物质和LAI）的临界氮稀释曲线；②明确基于器官尺度临界氮稀释曲线参数的不确定性；③分析不同试验条件（基因型 × 生长环境 × 管理方案）下拟合的临界氮稀释曲线参数差异来源；④比较基于临界氮稀释曲线小麦不同器官与植株氮素营养状态（氮营养指数）的差异。研究结果将拓展临界氮稀释理论在作物氮诊断及作物模型模拟中的应用范围，为小麦器官氮素诊断、氮素器官间积累与分配以及氮肥管理提供新的途径与工具。

二、研究涉及的试验基本信息和方法

本章涉及的试验信息见第六章表 6-1（本章涉及的试验编号分别是6、7、8、9、10、12、13、14、15、16、17、18、22、23），方法同第六章。

三、结果分析

1. 临界氮稀释曲线参数的差异

14 个试验基于叶干物质、茎干物质、LAI 和植株干物质估测的临界氮稀释曲线参数如图 7-1 所示。合并估测的参数 a 后验分布中值分别为 3.21 [95% CI =（3.13，3.30）]、2.28 [95% CI=（2.19，2.39）]、3.09 [95% CI =（2.91，3.29）]、3.39 [95% CI =（3.61，4.00）]。合并估测的参数 b 后验分布中值分别为 0.08 [95% CI=（0.04，0.13）]、0.34 [95% CI =（0.31，0.37）]、0.29 [95% CI =（0.24，0.34）]、0.37 [95% CI =（0.34，0.41）]。对于叶片干物质，独立估测的参数 a 后验分布中值（图 7-1A）为 2.92 ～ 4.46 [95% CI =（2.71，9.01）]，b 后验分布中值（图 7-1B）为 0.03 ～ 0.32 [95% CI =（0.00，0.85）]，删除了未成功收敛的试验 9 和 10 拟合结果。对于茎干物质，独立估测的参数 a 后验分布中值（图 7-1C）为 1.88 ～ 3.75 [95% CI =（1.55，5.31）]，b 后验分布中值（图 7-1D）为 0.24 ～ 0.58 [95% CI =（0.13，0.83）]，删除了未成功收敛的试验 11 拟合结果。对于 LAI，独立估测的参数 a 后验分布中值（图 7-1E）为 2.53 ～ 5.89 [95% CI =（2.38，11.44）]，b 后验分布中值（图 7 ～ 1F）为 0.20-0.70 [95% CI =（0.13，1.09）]。对于植株干物质，独立估测的参数 a 后验分布中值（图 7-1G）为 2.70 ～ 5.23 [95% CI =（2.06，8.64）]，b 后验分布中值（图 7-1H）为 0.15 ～ 0.51 [95% CI =（0.01，0.75）]。另外，试验观测数据越多，参数的后验分布区间就越窄，不确定性降低。

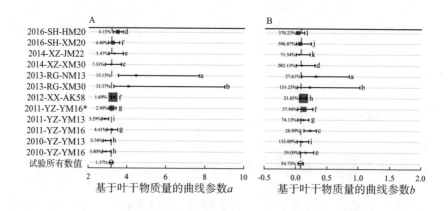

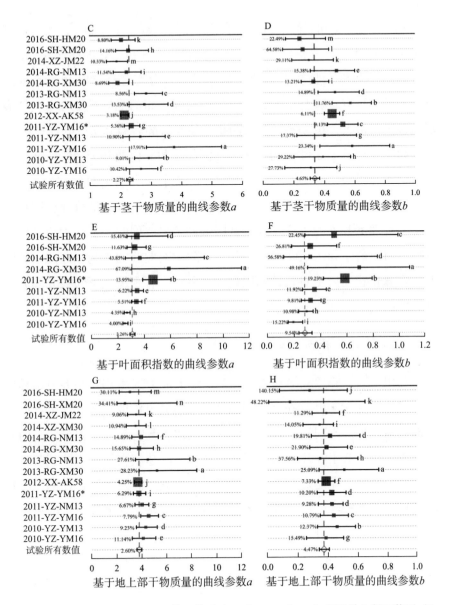

图 7-1 基于叶干物质（A、B）、茎干物质（C、D）、LAI（E、F）以及地上部干物质（G、

H）参数 a 和 b 的特定和全局估计值（后中值）和 95% 可信区间（水平线）

注：不同小写字母表示显著差异（$P < 0.05$）；百分比表示参数 a 和 b 的变异系

数；灰色正方形的大小用于估计参数的每个试验数据对（干物质和氮浓度）的数量。

几乎所有试验的参数 a 后验分布的变异系数小于参数 b，尤其是基于叶干物质参数 a 后验分布的变异系数要远小于 b。对于参数 a，基于叶干物质和植株干物质后验分布的变异系数分布整体表现出最小和最大。对于参数 b，基于 LAI 和叶干物质后验分布的变异系数分布整体表现出最小和最大。更多的试验观测点也使参数的后验分布变异性更小。

除了少部分基于叶干物质试验估测的参数 a 以及基于植株干物质试验，估测参数 a、b 中没有观察到差异。几乎所有的试验估测的参数 a 和 b 都有明显差异。值得注意的是，所获得的曲线有一部分在相同种植环境和管理下开展的，这反映了基因型的差异。同时，不同种植环境和管理下曲线的差异也反映了环境和管理效应对曲线的影响。因此，基因型、环境和管理措施对几种基因型 × 环境 × 管理情境下参数 a 和 b 有显著影响。

2. 临界氮稀释曲线的不确定性

利用不同试验建立的基于叶、茎、地上部干重和 LAI 临界氮稀释曲线如图 7-2 所示。叶片在整个观测阶段维持高氮浓度且随着叶干物质的增加下降较少，不同试验处理下叶片氮的水平具有较大的差异性。而茎秆氮浓度明显低于叶片且随茎干物质增加下降速度更快，不同试验条件下茎氮浓度的差异性要低于叶片。不同试验条件下，基于 LAI 的氮稀释曲线相对于基于叶干物质的氮稀释曲线要小，基于地上部干重的氮稀释曲线差异较基于 LAI 的要小。

基于叶干物质、茎干物质、LAI 和地上部干重与相应的曲线置信区间宽度（95%）如图 7-3 所示。置信区间的宽度在干物质或 LAI 较低时快速下降，然后维持稳定或者轻微上涨，试验 2013-RG-XM30、2013-RG-NM13 表现出较宽的置信区间。尽管如此，仅有部分试验的曲线具有较窄的置信区间。此外，试验观测数据越多，越能降低曲线的置信区间。例如，试验 2012-XX-AK58（$n = 91$，该试验开展了 13 个

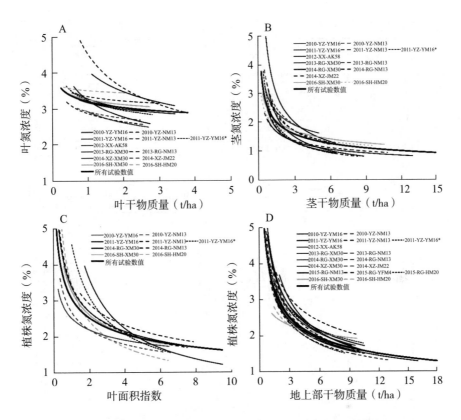

图 7-2 基于不同器官干物质、地上部干重和 LAI 的小麦临界氮稀释曲线

氮肥处理，包括 5 个施氮水平和 3 个追肥比例，以及 7 次取样。在较高干物质和 LAI 下（叶干物质 > 2 t/ha，茎干物质 > 3 t/ha，LAI > 2.5，植株干物质 > 5 t/ha），置信区间宽度均表现为植株干物质 < 茎干物质 < LAI < 叶干物质。

3. 临界氮稀释曲线参数差异来源

基于叶干物质、茎干物质、LAI 和植株干物质分别估测的曲线参数 a 都与 b 显著相关（$P < 0.05$，图 7-4）。除了基于叶干物质估测的参数 b 与茎干物质估测的参数 a 有显著相关性，各器官估测的参数无显著相关性（$P < 0.05$）。基于植株干物质估测的参数 a 仅与基于叶干物

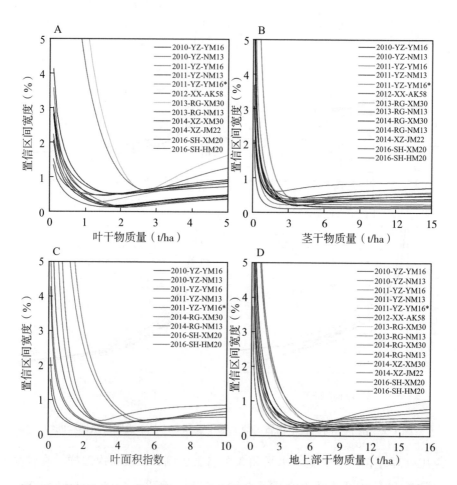

图 7-3　基于叶（A）、茎（B）、LAI（C）和地上部干物质（D）与相应临界氮稀释
曲线的 95% 置信区间宽度

质估测的参数 b 和基于茎干物质估测的参数 a 和 b 相关（$P < 0.05$），
其估测的曲线参数 b 仅与基于茎干物质估测的曲线参数 b 显著相关
（$P < 0.05$）。

　　纳入本研究分析的小麦基因型、种植环境和管理措施相关参数，对
曲线参数的影响各不相同。基于叶片的曲线参数 a 和 b 均仅与小麦营
养生长期天数呈显著负相关关系（$P < 0.05$），未观察到与管理措施

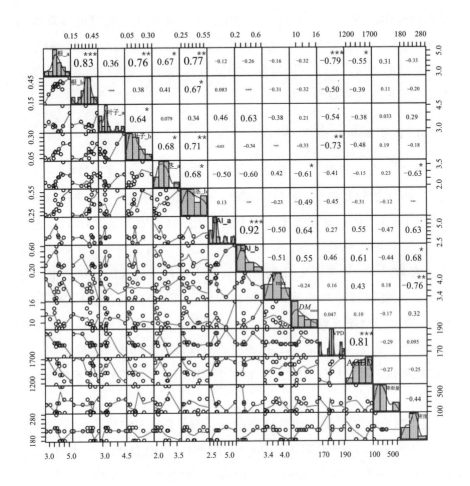

图 7-4　基于不同器官、基因型、N_{max}、DM_{max} 和 VPD、环境（AGDD、降雨量）和管理
的拟合参数（a 和 b）之间的相关系数和显著性

注: *** 表示在 $P < 0.001$ 水平上差异显著; ** 表示在 $P < 0.01$ 水平上差异显著;
* 表示在 $P < 0.05$ 水平上差异显著。

相关因素的相关关系。基于茎干物质的曲线参数 a 和 b 均与营养生长
期最大干物质有关（$P < 0.05$），同时参数 a 还受到种植密度的影响。
对于 LAI 估测的曲线参数 a 和 b，均与栽培密度有关，a 和 b 还分别

受到营养生长期最大干物质、营养生长期和累积生长度日的显著影响（ $P < 0.05$ ）。除此之外，未观察到营养生长期降雨量对曲线参数的显著影响。总的来说，基于不同器官干物质估测的曲线参数差异来自品种基因型、种植环境和栽培措施。

4. 氮营养指数估测

图 7-5 分别计算了基于叶干物质、茎干物质、LAI 计算的 *NNI* 以及基于叶干物质和茎干物质计算 *NNI* 的平均值。对于叶片，当植株 *NNI* 低于 1.16 时，叶片 *NNI* 低于 1：1 线；当植株 *NNI* 高于 1.16 时，表现相反。这说明植株氮状态非常充足时才能满足叶片氮需求，而不是与植株氮状态同步，而基于 LAI 的 *NNI* 与基于叶片干物质的结果相似。对于茎，其表现与叶片相反，当植株 *NNI* 低于 0.91 时，茎秆 *NNI* 高于 1：1 线，当植株 *NNI* 高于 0.91 时则表现相反。说明植株氮状态非常充足时反而不能满足茎氮需求，而不是与植株氮状态同步。当使用叶、茎 *NNI* 均值时，其与植株 *NNI* 差异非常小（RMSE = 0.07604；*n*-RMSE = 8.033%）。

图 7-6 给出了每个试验计算的叶、茎、LAI *NNI* 以及叶、茎 *NNI* 均值与植株 *NNI* 的差异（RMSE，*n*-RMSE）。总体来看，基于叶的 *NNI* 具有最小差异（RMSE = 0.1094，*n*-RMSE = 11.39%），其次是 LAI 的 *NNI*（RMSE = 0.1096，*n*-RMSE = 12.36%），差异最大的是茎 *NNI*（RMSE = 0.1384，*n*-RMSE = 14.63%）。从每个独立试验来看，基于叶干重的 *NNI* 和基于 LAI 的 *NNI* 与植株 *NNI* 的差异都是 RMSE < 0.2 和 *n*-RMSE < 20%。而基于茎干重 *NNI* 与基于地上部干重 *NNI* 的差异，有部分试验的 *n*-RMSE 已经超过 20%。这表明当使用器官氮状态预测植株氮状态时，采用基于叶片干物质和叶面积的曲线可靠性更高，基于茎干物质的曲线仍存在较大的潜在误差。

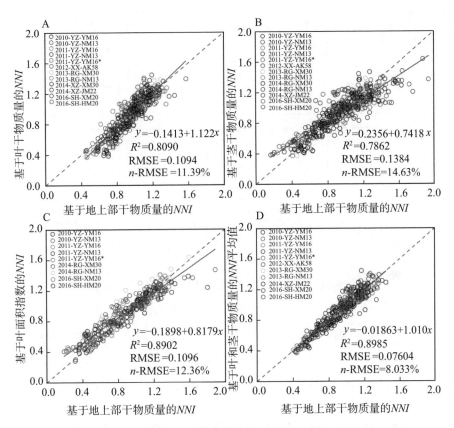

图 7-5 基于不同器官和地上部干物质的 *NNI* 比较

注：A ～ C 分别表示基于叶干物质（A）、茎干物质（B）、LAI（C）与基于地上部干物质的 *NNI* 差异；D 表示基于地上部干物质的 *NNI* 与基于叶和茎干物质的平均 *NNI* 之间的差异

四、讨论

本研究利用贝叶斯理论与 MCMC 方法测试了 14 个不同基因型 × 种植环境 × 管理措施下的小麦氮肥试验数据集，建立了基于小麦叶、茎干物质和 LAI 的临界氮稀释曲线。前人研究已经建立了的基于叶、茎和地上部干物质以及 LAI 的临界氮稀释曲线（Yao et al.，2014；Guo et

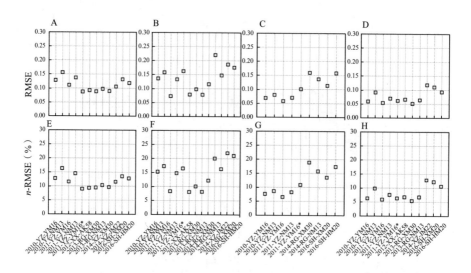

图 7-6　基于不同器官、植株干物质和 LAI 的 *NNI* 比较

注：A ～ C 分别表示基于叶干物质（A）、茎干物质（B）、LAI（C）与植株干物质的每个试验的 RMSE 差异，E ～ G 分别表示叶干物质基础（E）、茎干物质基础（F）、LAI（G）与植株干物质的各试验 *n*-RMSE 差异；D 和 H 分别表示基于植株干物质的 *NNI* 与基于叶和茎干物质的 *NNI* 平均值的每个试验 RMSE（D）和 *n*-RMSE（H）差异。

al., 2020；Zhang et al., 2020；Qiang et al., 2015, 2020；Zhao et al., 2014；Justes et al., 1994；Yue et al., 2012），与本研究利用不同地点、年份、品种和氮肥处理的 14 个大田试验数据、基于 MCMC 方法构建的曲线并不一致（图 7-7）。除了基于叶干物质的曲线参数 *a* 处于所比较曲线中间值，基于茎干物质、LAI 以及植株干物质的曲线参数 *a* 均低于所比较的曲线，而所估测的曲线参数 *b* 也均低于所比较的曲线。这说明了不同小麦基因型、种植环境和管理措施下建立的小麦氮稀释曲线差异，同时也反映了传统方法可能高估了氮稀释曲线，本研究利用的试验数据部分来自（Zhang）等（2020）的研究。不同小麦品种具有不同的氮积累能力，另外，这种差异也可能与小麦早期生长阶段的初始氮吸收能力和土壤氮供应有关（Lemaire et al., 2007）。

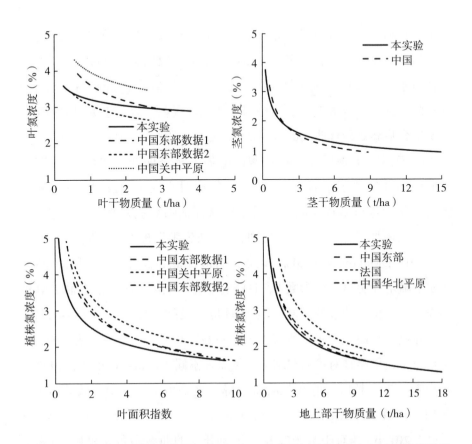

图 7-7　小麦基于不同器官、植株干物质和 LAI 的临界氮稀释曲线与已有曲线的比较

　　与基于植株干物质建立的临界氮稀释曲线结果类似（Campitti et al.，2021；Makowski et al.，2020），基于叶、茎干物质以及 LAI 建立的临界氮稀释曲线的不确定性与干物质或者 LAI 大小相关。在低 DM 或 LAI 时，响应曲线是垂直的（较大的氮浓度与非常小的干物质或 LAI 相关）。在达高 DM 时，响应曲线走平（与大干物质或 LAI 相关的低氮浓度），高干物质下氮浓度的不确定性水平变得相对较低。a 和 b 之间的高度相关性意味着 b 吸收了 a 中的部分不确定性。同时，拟合曲线的数据集大小（试验处理数 × 取样次数）对小麦临界氮浓度稀释曲线的不确定水平有重要影响。较大的数据集具有较低的拟合曲线不确定性，更

利于反映临界氮稀释曲线的真实差异。通过获取更多的数据点或使用更有效的试验设计（包含许多重复样本）来减少数据点的分散，将减少低干物质水平阶段的不确定性（Ratjen，Kage，2016）。准确估算临界氮稀释曲线并反映真实差异而不是测量和统计误差，有助于更加清晰地判断所拟合临界氮稀释曲线的差异来源（Chen，Zhu，2013）。

基于器官干物质和 LAI 估测的临界氮稀释曲线大多数表现不同。不同的曲线反映了基因型 × 环境 × 管理对小麦生长过程干物质和氮浓度变化的综合效应。因此，需要重新评估临界氮稀释曲线的拟合参数，否则增加了作物氮素营养诊断误差和施肥管理的决策风险（Yin et al.，2018；Makowski et al.，2020；Zhao et al.，2020）。其中估测的参数 a 不确定性明显小于参数 b，且略有变化，表明基于叶、茎和 LAI 的小麦临界氮稀释曲线受到基因型 × 环境 × 管理的影响轻微。器官特异性临界氮稀释曲线显示，所有测试作物的叶片中氮浓度高于茎中的，主要是由于植物器官对代谢和结构性氮需求不同（Lemaire et al.，2007）。在小麦营养生长阶段叶片氮略微下降，这是由于叶片中有效的生理氮利用，以保证光合活性处于最佳状态（Evans，1989；Ata-Ul-Karim et al.，2017b）。对于基于叶片干物质开发的曲线参数 a 和 b，其参数与 VPD 负相关，因下部受到上部叶片遮阴的叶片比例增加，从而不同的光照环境和它们的年龄差异可能导致这种下降（Charles-Edwards et al.，1987；Hirose，Werger，1987；Grindlay，1997；Gastal，Lemaire，2002；Kage et al.，2002）。值得注意的是，本研究选用了氮含量不同的小麦品种。然而，研究数据集只考虑了小麦干物质超过 1 t/ha 时的氮浓度变化，而忽略了较早发生的氮浓度变化。因而，所有基于器官干物质和 LAI 开发的曲线参数均与生长早期植株氮浓度无显著相关性。对于茎干物质开发的曲线，其参数与营养生长期最大干物质负相关，根据郭（Guo）等（2020）的研究，氮浓度的稀释在生长早期的茎和整个植株中更为明显。同时，茎干物质作为植株干物质的主要来源，更大的干物质意味着茎干物质更大。此外，种植密度与茎稀释曲线和 LAI 曲线的参数 a 负相关，不同种植密度改变了小麦冠层的封闭程度，从而高密度下小麦能够快速进入稀释过程，且植株干物质增加速度更快。参数 b 反映了植物氮浓度随干物质增加的稀释过程，这是氮浓度稀释的特定模式。这些结果表明，拟合曲线参数 b 的变化程度高于参数 a 的变化程度（ Kage et al.，2002；Sheehy et al.，1998；Ziadi et al.，2007；Justes et al.，1994）。基因型 × 环境 × 管理综合效应略大于参数 a，小麦生长过程中氮随干物质的变化很容易由其种植环境决定。

Ata-Ul-Karim 等（2017b）采用传统的临界氮稀释曲线方法，通过多个试验研究比较了基于茎、叶、植株干物质和叶面积的氮稀释曲线结果。结果也表明，基于叶片的氮稀释曲线与基于植株干物质的结果更接近；张（Zhang）等（2020）在小麦上也进行了与 Ata-Ul-Karim 等（2017b）类似的研究，结果表明利用 NNI 进行氮素诊断，基于叶片干物质的临界氮稀释曲线表现最好，与本结果一致。当基于小麦器官干物质或 LAI 开发的曲线用于氮诊断和氮管理时，多元化的参数输入增加了使用者的可选择性。器官氮状态与植株氮状态的良好相关性，使可以使用器官氮状态去估测植株氮状态，尤其是基于叶片和 LAI 开发的临界氮稀释曲线，在诊断氮状态时与植株氮状态同步性与稳定性很高（图 5-5）。当前遥感诊断记录的光谱响应主要与太阳辐射和植物冠层之间的相互作用有关（Guyot et al.，1989），植株干物质与光谱响应或植被指数之间的相关性通常很差，特别是在小麦生长后期冠层密闭，其光谱响应变得饱和并失去对植株干物质的敏感性（Nafiseh et al.，2011）。因此，在未来区域尺度的氮管理应用中，叶片器官而非整株中的氮浓度信息可能具有更高的准确性和稳定性。

本研究的结果表明，基于叶片与茎干重的 NNI 平均值与基于植株干物质的临界氮稀释曲线 NNI 结果更为接近，表明叶与茎在整株氮素分配中并不平衡，这将为以后模拟作物器官的氮素分配提供参考。当前，很多作物生长模型在计算器官氮分配时均采用了器官的氮稀释曲线，例如 APSIM（Zhao et al., 2014）、STICS（Brisson et al., 1998）以及 RiceGrow（Tang et al., 2018）。临界氮稀释曲线对于模型输出的不确定性及器官氮的分配机理还需进一步研究。

五、小结

本研究采用贝叶斯理论框架估算了基于小麦器官干物质和 LAI 的临界氮稀释曲线参数，成功进行了基因型 × 环境 × 管理措施的综合分析，以确定拟合曲线的不确定性和参数差异。干物质水平决定了拟合曲线的不确定性。增加观测值（干物质 – 氮浓度）能有效降低整个曲线的不确定性水平，进而准确确定临界氮稀释曲线。在基因型 × 环境 × 管理的综合作用下，曲线参数 a 的变化小于 b。基因型、种植环境和栽培措施，即营养生长期最大干物质、营养生长期天数、累积生长度日以及种植密度是曲线参数差异的主要来源。基于器官尺度的临界氮曲线均能替代基于植株干物质的氮稀释曲线，但基于叶片与基于植株干物质的临界氮稀释曲线 NNI 最接近，同时基于叶片和茎干重的 NNI 平均值与基于植株干物质的更为接近。研究结果为小麦氮素诊断、精确管理以及生产力预测提供了多元化的途径。

第八章　氮营养指数在估测小麦生产力中的应用

　　作物产量构成因子的形成贯穿于作物整个生育期，在挖掘作物潜在产量方面起着决定性的作用。然而，产量构成因素的形成取决于农艺措施，特别是氮素管理，因为它在优化作物群体生长方面具有重要意义。因此，通过氮素管理，调控产量构成因素，提高粮食产量是可行的。本文试图评估临界氮稀释曲线在预测小麦产量及其构成因素中的适用性。为此，基于河南省和江苏省6个不同施氮处理的田间试验，本文研究了收获期单位面积小麦籽粒产量、DM、穗数、每穗粒数、千粒重与 NNI 和 NNI_{int} 的关系。从苗期到收获期，在不同的生长阶段取样，用于测量和分析产量及其构成因子的形成机理。试验10、12和24所得数据用于建立定量关系，试验3、4、11所得数据用于验证建立的定量关系。结果表明，小麦产量、单位面积穗数、每穗粒数及收获期DM与 NNI 和 NNI_{int} 呈显著正相关。相比之下，千粒重与 NNI 和 NNI_{int} 的相关性较差。线性模型的方差分别为42%～93%和48%～93%。小麦生育中后期关系的 R^2 值高于生育前期，说明生育前期可能不适合预测小麦成熟期产量。较高的 R^2 和较低的 n-RMSE 揭示了预测值与实际值之间良好的一致性，在小麦生长中后期的 NNI 和 NNI_{int} 与产量和产量构成因素的定量关系比在生育早期的结果更好，可用于评价小麦的产量和产量构成因子。总的来说，基于 NNI_{int} 的关系比基于 NNI 的关系更强。研究结果将为提升基于 NNI 评价的准确性、产量预测及氮肥精确管理等方面提供支持。

一、引言

氮肥在应对全球农业生产面临的挑战，保证粮食供应方面发挥了关键作用（Moreau et al.，2013；Chen et al.，2014）。氮肥因其对提高土壤肥力和作物生产力的作用而被普遍认为是全球农业生产最具决定性作用的营养元素（Ladha et al.，2016；Zhao et al.，2016）。足量施氮对提高作物经济产量和生物产量是必不可少的，它直接影响作物生长变量、产量以及产量构成因素，如叶原基和小花原基的形成、干物质积累、叶面积扩大、分蘖发育、有效与无效分蘖数、千粒重、单位面积的穗数和每穗粒数等（Ali et al.，2003；Harasim et al.，2016）。为提高粮食产量，中国农民普遍使用的氮肥高于推荐用量，这使中国成为氮肥的主要消费国，因为中国目前消耗的氮肥占全球总产量的 1/3 以上（Heffer，2009；Chen et al.，2014）。尽管过量施用氮肥增加了我国作物产量，然而由于持续过量施氮，氮利用效率较低，造成了一些负面的社会经济和生态影响（Miao et al.，2011）。未来氮肥的使用量将继续与全球人口增长所需的粮食供给同步增长，最终加剧相应的生态环境和社会威胁（Li et al.，2013）。如果不能进行精确的氮肥管理，明确氮肥施用量和施用时间，会产生负面的环境和经济成本（Bodirsky et al.，2014；Ladha et al.，2005）。作物氮素诊断对于氮素优化管理、提高产量十分重要（Lemaire et al.，2019）。

作物诊断方法在土壤—作物系统中具有动态预测和监测氮素供需的潜力，对提高氮肥利用率和小麦产量具有重要意义。已构建的不同临界氮稀释曲线（Scharf，Lory，2009；Ata-Ul-Karim et al.，2013，2014；Ata-Ul-Karim et al.，2016a）和叶绿素计、基于叶片和冠层光学特性的主动和被动传感器（Zhao et al.，2018b；Li et al.，2018；Zhang et al.，2019）等诊断工具可用于量化作物氮状况。其中，临界氮稀释曲线是利用实际作物生长指标和植株氮含量构建的，具有强大的理论支撑。针对农作物建立的临界氮稀释曲线，已被成功用于预测作物生长期间的生长状况（Lemaire et al.，2008；Lemaire et al.，2019）。

NNI 是一种源自氮素稀释曲线的作物氮素营养状况指标，被广泛应用于预测作物生长过程中的氮素状况、需氮量和推荐施氮量，以及估测粮食产量、品质和制定产量目标。Ata-Ul-Karim 等（2016a，b，2017a）、苏文楠等（2021）以及姚（Yao）等（2021）分别建立了水稻不同阶段 *NNI* 与相对产量的关系，表明具有很好的线性关系。勒迈尔（Lemaire）等（2008）建议以开花前阶段 *NNI* 的加权平均值作为施氮依据，即 *NNI*~int~，以尽量减少由于土壤氮矿化活动、氮肥施用计划和作物对土壤氮的利用而引起的小麦生长期氮供应变化的影响。何（He）等（2017）建立了中国南方双季水稻不同生育阶段的 *NNI*~int~ 和相对产量之间的线性关系，用于水稻当季产量的预测。Colnenne 等（1998）建立了油菜的生长速率、LAI、氮素利用率以及产量与 *NNI*~int~ 的关系模型，用以估测因氮营养亏缺对作物各项生长指标造成的损失。杰弗里（Jeuffroy）和布沙尔（Bouchard，1999）利用 *NNI* 计算了氮营养指数亏缺的持续时间、强度等指标，类似于 *NNI*~int~ 的计算方法。研究表明小麦的籽粒数与氮亏缺的程度与时间的乘积呈线性关系，得到了很好估测结果。一般认为，作物不同时期对产量决定作用是不同的。例如，分蘖拔节期决定小麦的有效穗数，孕穗开花期是决定穗粒数的关键时期，而粒

重主要受开花以后的影响（曹卫星，2011）。不同生育时期的氮素胁迫会对产量结构形成产生影响，然而还未有研究利用 NNI 和 NNI_{int} 来研究小麦不同阶段氮素状况对产量结构的定量影响，比较 NNI 与 NNI_{int} 在评估方面的优缺点。

为此，本研究为了研究氮对产量形成的影响机制，充分挖掘 NNI 和 NNI_{int} 的潜力，评价产量及其构成对氮素亏缺的响应，建立小麦籽粒产量、收获期 DM、单位面积穗数、每穗粒数和千粒重与不同生长阶段 NNI 和 NNI_{int} 之间的定量关系，并比较基于 NNI 和基于 NNI_{int} 对产量及产量结构的预测精度。研究结果将为小麦产量预测、氮素优化管理、提升资源利用效率提供支持。

二、本章涉及的试验及算法

本章研究内容涉及的试验基本信息见第六章表 6-1。

归一化指数算法：

小麦产量和收获期植株干物质（t/ha）、每穗粒数、单位面积穗数和千粒重（g）的归一化值计算如下：

$$X^{'} = \frac{X}{X_{max}}$$

式中，$X^{'}$ 为归一化值（籽粒产量、收获期植株干物质、每穗粒数、单位面积穗数和千粒重）；X 为以上各指标的实测值；X_{max} 为每个试验各指标的最高实测值。

NNI 和 NNI_{int} 算法：

根据勒迈尔（Lemaire）等人（2008 年）建议的方法计算 NNI 和 NNI_{int}。第六、七章的结果表明，虽然不同的氮稀释曲线计算的 NNI 差异不大，但差异仍然存在。因此，本研究为了防止建立模型关系时带来误差累加，分别利用北方麦区（Yue et al.,2012）和长江中下游麦区（赵犇等，2012）构建的临界氮稀释曲线来计算河南（试验 12、16）和江苏地区的试验结果（试验 3、4、10 和 11）的 NNI 和 NNI_{int}。

采用试验 3、4、11 获得的试验数据，来验证利用试验 10、12 和 24 建立的 NNI_{int} 和 NNI 分别与归一化产量、收获期植物干物质、每穗粒数、单位面积穗数及千粒重的定量关系。利用小麦不同生长阶段的 R^2 和 n-RMSE 值，评价和比较新建模型的预测性能。

三、结果分析

1. 小麦不同生育阶段 NNI 和 NNI_{int} 与产量和 DM 的定量关系

根据作物不同生长阶段 NNI_{int} 和 NNI 与收获期归一化产量和干物质试验数据，本研究建立了不同生育阶段 NNI_{int} 及 NNI 与小麦成熟期籽粒归一化产量、DM 的定量关系（图 8-1、图 8-2）。结果表明，不同施氮处理，收获期小麦籽粒产量和 DM，与不同生育时期 NNI_{int}、NNI 呈极显著正相关。由此建立的针对小麦不同生育阶段的线性回归模型，准确地解释了不同施氮水平间小麦籽粒产量和收获期干物重的差异。

NNI 分别解释了方差的约 5790% 和 6893%，NNI_{int} 分别解释了方差的 7291% 和 6793%。相比之下，收获期产量和干重与小麦中后期（孕穗至收获期）氮营养关系较早期（拔节期）的 R^2 值更高，说明早期的定量关系可能不适合预测小麦收获期的产量和植株干物质。小麦籽粒产量和植株干重与不同生育阶段的 NNI 和 NNI_{int} 具有高度相关性，可用于收获期小麦籽粒产量和干重的季节评价。总的来说，利用 NNI 建立的与 DM 定量关系相关性强，而谷物产量与 NNI_{int} 相关性更强。这些关系说明，在不同氮素营养条件下（亏缺、最优和过量），小麦不同生育期的 NNI 和 NNI_{int} 有量化小麦产量和 DM 的可行性。

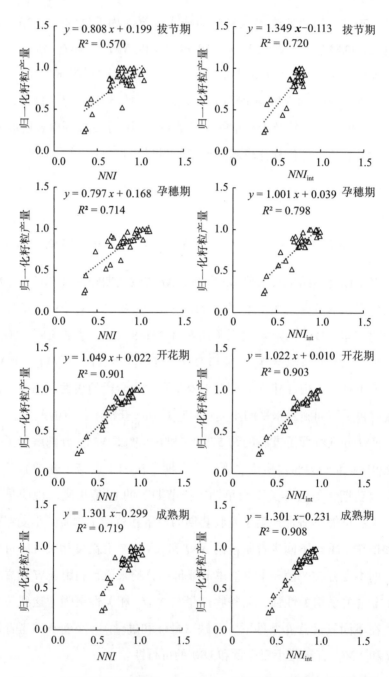

图 8-1　小麦不同生育时期的 NNI 及 NNI_{int} 分别与相对籽粒产量的关系

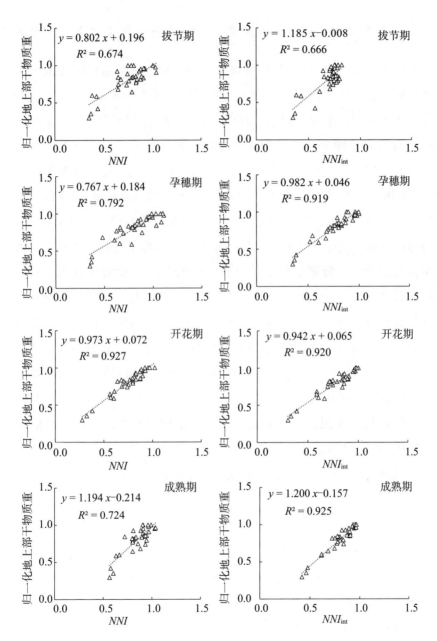

图 8-2　小麦不同生育时期的氮营养指数（NNI）及积分氮营养指数（NNI_{int}）分别与归一化 DM 的关系

2. 小麦不同生育阶段 NNI 和 NNI_{int} 与产量构成因素的定量关系

本研究建立了小麦生长期间 NNI 和 NNI_{int} 与产量构成因素（单位面积穗数、每穗粒数和千粒重）之间定量关系（图 8-3～图 8-5）。产量构成因素作为小麦不同生长阶段 NNI 和 NNI_{int} 的函数。结果表明，在不同施氮的处理下，产量构成因素随不同生育期 NNI 和 NNI_{int} 的变化而变化。NNI 与 NNI_{int} 和千粒重的关系分别表现为极低（非显著）相关（R^2=0.001～0.041 和 0.019～0.049）。穗粒数和单位面积穗数的归一化值与 NNI 和 NNI_{int} 呈显著正相关。不同小麦生育阶段的 NNI 和 NNI_{int} 与穗粒数和单位面积穗数的线性关系准确地解释了每穗粒数和单位面积穗粒数的变化，分别解释了单位面积穗数变异的 6492% 和 5693%，每穗粒数变异的 4175% 和 4877%。小麦生育中后期（孕穗至收获期）与穗粒数和每平米穗数关系 R^2 值较生育早期（拔节期）的高，说明中后期的 NNI 和 NNI_{int} 可能更适合预测每穗粒数和单位面积穗数。小麦不同生育时期的 NNI 和 NNI_{int} 与产量构成因素的高度相关关系，被可用于估测每穗粒数和单位面积有效穗数。总的来说，与 NNI 相比，利用 NNI_{int} 建立的定量关系预测性能更好。这些关系说明，小麦不同生育阶段的 NNI 和 NNI_{int} 可以量化不同氮素营养条件下（亏缺、最优和过量）的单位面积穗数、每穗粒数，千粒重变化并不显著。

3. 小麦产量及产量构成因素与 NNI 及 NNI_{int} 定量关系验证

利用独立的试验数据（图 8-6）对建立的 NNI 及 NNI_{int} 与小麦归一化产量、收获期单位面积 DM 和穗数、每穗粒数及千粒重的定量关系进行了验证。并用小麦不同生育阶段的 R^2 和 n-RMSE 值，评价和比较所建立的定量关系的预测性能。验证结果表明，与小麦生长前期相比，小麦中后期的 NNI 和 NNI_{int} 与小麦产量、植株干重和产量构成的定量关系是可靠的（图 8-6、图 8-7）。基于 NNI 与收获期小麦

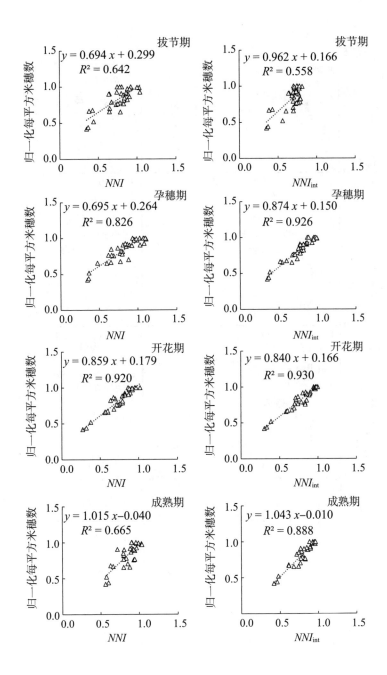

图 8-3 小麦不同生育时期的 NNI 及 NNI_{int} 分别与相对穗数的关系

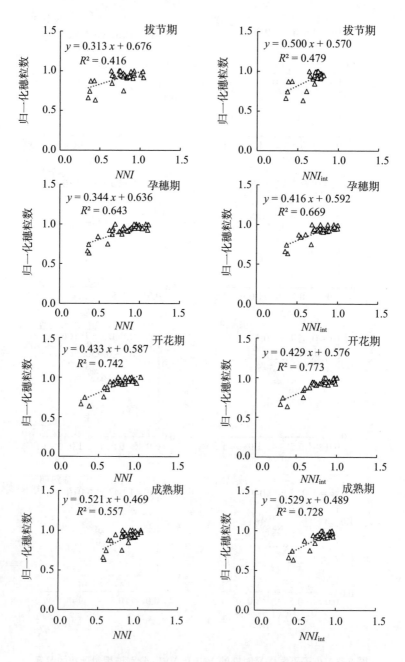

图 8-4　小麦各生育时期的 NNI 及 NNI_{int} 分别与归一化穗粒数的关系

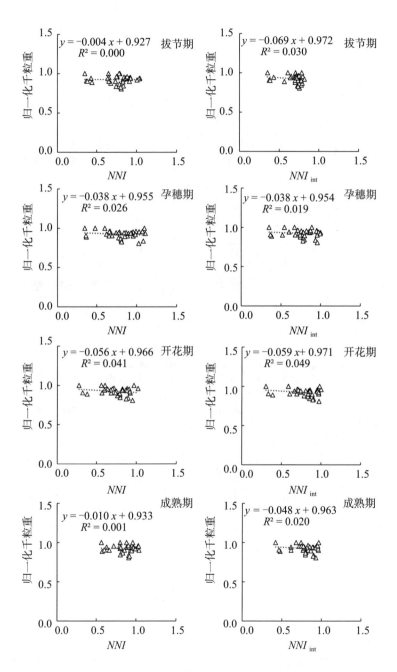

图 8-5　小麦不同生育时期的 NNI 及 NNI_{int} 分别与相对粒重的关系

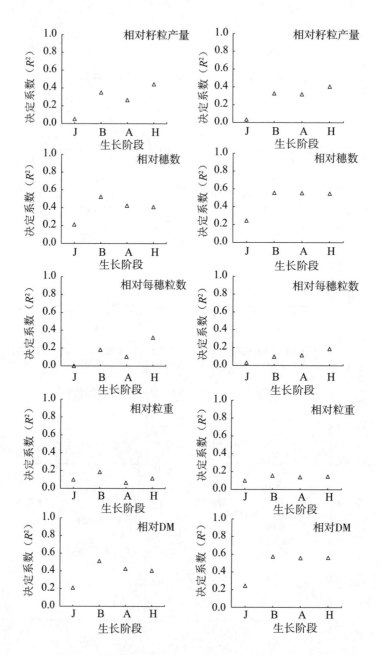

图 8-6　小麦不同生育时期的 NNI 及 NNI_{int} 与各相对变量关系的决定系数（R^2）

注：X 轴代表小麦各生育阶段，J：拔节期；B：孕穗期；A：开花期；H：收获期。

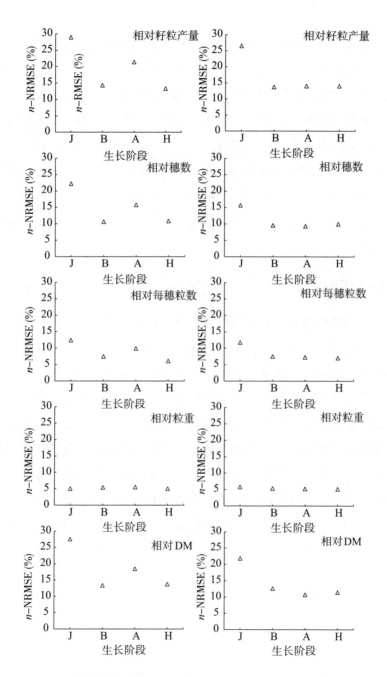

图8-7　小麦不同生育阶段的 *NNI* 及 *NNI*~int~ 与各相对变量关系的 *n*-RMSE

产量、穗数、每穗粒数、千粒重和单位面积 DM 的定量关系的 R^2 和 n-RMSE 值的范围分别为：R^2=0.05 ～ 0.44 和 13% ～ 29%；0.21 ～ 0.52 和 11% ～ 22%；0 ～ 0.32 和 6% ～ 12%；0.06 ～ 0.18 和 5% ～ 6%；0.21 ～ 0.51 和 13% ～ 28%。而对于 NNI_{int}，R^2 和 n-RMSE 值的范围分别是：R^2=0.03441 和 14% ～ 27%；0.25 ～ 0.56 和 9% ～ 16%；0.03 ～ 0.19 和 7% ～ 12%；0.098 ～ 0.16 和 5% ～ 6%；0.25 ～ 0.57 和 11% ～ 23%。在小麦生长中后期，较高的 R^2 和较低的 n-RMSE 值表明，预测值和观测值吻合较好，证实了它们作为预测小麦产量和产量构成因素指标的可靠性。

四、讨论

产量构成因素对于获得高产至关重要，因为每个产量构成因素对产量的形成起着决定性作用（Duan et al., 2018）。产量构成因素的形成始于不同的生长阶段，并在作物个体发育过程中持续受到影响，在很大程度上受产量构成因素形成过程中各种因素的调控，这些阶段称为关键生长阶段。因此，由于农艺管理，比如在关键生长期氮肥运筹的变化，会直接引起这些产量构成因素的参数发生改变。因此，通过适时调控氮素状况来提高粮食产量是可行的。当然，不适当的施肥也会对作物生长造成负面影响。段（Duan）等（2018）和哈拉西姆（Harasim）等（2016）的研究表明，单位面积穗数、每穗粒数、千粒重和收获时 DM 通常在产量形成中起着重要作用。抽穗期较高的干物质产量对完善小花、结实期光合产物的运转和籽粒发育至关重要（Arduini et al., 2006）。由于产量构成因素的形成依赖于作物生长条件，在作物生长的关键阶段，氮亏缺和过剩等胁迫效应会通过改变作物干物质在不同植物器官间的分配而导致产量降低（Lemair et al., 2008）。氮由于对作物生长和产量的重要作用，被认为是限制作物产量的主要因素。因此，在关键生长阶段进行有效的氮素运筹对于控制作物生长发育，优化产量构成因子，获得更高产量具有关键作用（Ata-Ul-Karim et al.，2017b）。

本研究建立的 *NNI* 及 *NNI*$_{int}$ 与小麦籽粒产量及其构成因素的定量关系显示，*NNI* 与 *NNI*$_{int}$ 和早期生长阶段（拔节）关系的 R^2 值较低，主要是由于小麦根系在早期生长阶段的吸氮能力较低，这与水稻和其他谷类作物的研究结果一致（Ata-Ul-Karim et al.，2016a，b，c；Gislum，Boelt，2009）。另外，早期取样频率较低，也影响了结果的精度。而与小麦生长中后期（孕穗至收获期）的稳定性关系是由于小麦在该阶段具有足够的氮素吸收能力和组织富集氮的能力，而 *NNI* 及 *NNI*$_{int}$ 与产量及其构成因素的稳定关系揭示了其在产量和产量构成因素评价中的意义。千粒重主要取决于作物基因型特征，较高的施氮量反而降低了千粒重（Mazurek，2000）。本研究中涉及的不同氮肥处理对千粒重的影响并不显著。本研究使用了不同的小麦品种，可能是造成 *NNI* 及 *NNI*$_{int}$ 与千粒重关系不好的原因。先前的研究认为，一种产量构成因子的降低可以通过其他产量构成因素来补偿（Pržulj，Momcilovic，2011；Harasim et al.，2016）。因此，尽管本研究中显示施氮量与千粒重呈负相关，但随着施氮量的增加，籽粒产量也会增加，这可能被认为是其他产量构成因素的产量补偿。最近的一项研究报道显示，在不同产量水平下，从拔节到开花期，植物干物质与每穗粒数之间的关系显著（Duan et al.，2018）。产量构成因素（单位面积穗数、穗粒数）与 *NNI* 及 *NNI*$_{int}$ 的显著关系研究表明，开花前不同施氮量下的干物质积累与穗粒数直接相关，并归因于充足的氮营养，这是获得较高产量的关键。杰弗里和布夏尔（Jeuffroy，Bouchard，1999）等报道了利用类似于积分氮营养指数的计算方法，也就是以 *NNI* 亏缺的持续时间与强度的乘积来研究氮营养状况与小麦的单位面积粒数关系，表明具有很好相关性，研究结果与本研究一致。

本研究结果表明，*NNI*$_{int}$ 与籽粒产量及其构成因素的相关关系强于 *NNI*。土壤氮供应能力取决于土壤氮的矿化活动、氮的施用或作物对土壤矿质氮的消耗（Lemaire et al.，2019）。产量与 NNI 的关系弱于与 NNI_{int} 的关系是由于小麦产量的形成受到小麦整个生育期氮素的影响，用某一时刻的 NNI 预测最终产量具有不确定性。此外，小麦生育前期的 NNI 值越低，有效穗数越少；而生育中后期的 NNI 值越高，穗粒数越高，弥补了穗数造成的产量损失。NNI 及 NNI_{int} 与籽粒产量及其构成因子的定量关系表明，小麦中后期作物氮素状况可有效促进小穗形成，保证其他产量构成因子更好地发育；而小麦前期如果氮素过高，产生更多的无效分蘖，对于产量的预测就会有偏差。此外，本研究建立的模型在小麦作物生长和管理模型中有潜在应用价值，用于氮肥管理，筛选具有较高产量潜力的作物品种，并通过控制作物物候期来设定产量目标（Ata-Ul-Karim et al.，2016b，2017b；Zhao et al.，2014）。本研究所建立的模型是基于氮稀释理论的经验关系，在预测小麦籽粒产量及其构成因子方面具有较高的准确性。近年来，传感器技术的进步使遥感技术与这一方法相结合的快速无损监测方法得到了广泛的应用。目前，通过遥感估计和应用 NNI 的策略已被用于中国多个地区水稻、小麦和玉米作物氮管理决策的测试（Li et al.，2018；Zhang et al.，2019；Zhao et al.，2018）。

五、小结

本研究建立了小麦不同生育阶段的 NNI 及 NNI_{int} 与产量及产量构成因素的定量关系，能够预测小麦的产量构成因素和籽粒产量。这些关系在小麦生长中后期具有较强的相关性，可用于小麦氮肥决策和氮素调控管理。小麦产量、单位面积穗数、每穗粒数及收获期干物质与 NNI 及 NNI_{int} 呈显著正相关关系。相比之下，千粒重与 NNI 和 NNI_{int} 的相关性较差。总体上，以上小麦的各项生长指标与各生长阶段的 NNI_{int} 关系比瞬时的 NNI 的关系更好。然而，这些模型的有效性还需要在不同的小麦种植区用不同的品种和管理策略中得到验证。

第九章 基于小麦农田系统土壤氮供应能力的氮效应分析

　　为了量化土壤氮对小麦生长的影响，基于长江流域（仪征）和黄河流域（新乡）两个小麦产区进行不同氮肥模式控制的田间试验，分析了不同阶段 0～60 cm 土壤氮含量与小麦生长速率关系。结果表明，各阶段均表现为"0～60 cm 土层硝态氮含量＋施氮量"在一定范围内与生物量增长呈正相关关系；超过该范围上限，生物量不再增长。播种前"0～60 cm 土层硝态氮含量＋基施氮量"≥155 kg/ha，拔节前生物量不再随施肥增加而增长；拔节期"0～60 cm 土层硝态氮含量＋基施氮量"≥150 kg/ha，拔节至开花期生物量不再随施肥增加而增长；开花期 0～60 cm 土层硝态氮含量≥35 kg/ha，开花至成熟期生物量不再随土壤硝态氮含量的增加而增长。

一、引言

　　土壤子系统是小麦植株氮素的最重要来源。除了土壤自身固有的各种形态的氮素，肥料氮主要也是首先进入土壤子系统，通过形态转换或被作物吸收，或者存留于土壤，或者流失。为了提高小麦产量，氮肥施用量逐年增加，而氮肥基施也作为确保高产稳产以及培肥地力的重要手段（刘学军等，2002；Xing，Zhu，2000；Zhu，Chen，2002）。但过量的氮肥及较高的基施比例不但未提高小麦产量，而且造成氮素利用效率显著降低，氮素损失严重，进而污染生态环境（Richter，Roelcke，2002）。很多学者提出了氮肥分期施用并提高中后期施氮比例的"前氮后移"技术，且研究表明氮肥分期施用较单一的基肥施用可显著提高小麦的产量、氮肥回收及收获指数（Alcoz，Hons，1993；Papakosta，Gaginas，1991）。但也有人认为"前氮后移"在小麦生产应用中应做具体分析，在低土壤肥力条件下，减少前期施氮量，会导致减产（李友等，1997；王月福等，2003）。

欧美等研究者在作物旺盛期前，采取一定土层深度的土壤样品测定无机氮（硝态氮和铵态氮）或只测定硝态氮，来进行氮肥推荐。这被证明是一项行之有效的技术，并得到推广应用（Greenwood，1986）。该方法在西欧的应用相当普及，其理论基础是基于不同作物需求的不同氮量均来自土壤或肥料，作物的需氮量与土壤可供的无机氮量差值就可以确定氮肥的推荐量（张福锁等，2012）。本研究即基于土壤 0～60cm 土层硝态氮含量与施氮量之和来量化氮效应因子，并作为推荐施肥依据。

二、本章涉及的试验

本章研究内容涉及的试验信息见第二章。

三、结果分析

1.基于播前土壤硝态氮含量和基肥氮水平的氮素效应分析

图 9-1 显示，随着"土壤 0～60 cm 土层硝态氮含量＋底肥速氮

量"的增加，拔节前生物量亦随之增加，但当"土壤 0 ～ 60 cm 土层硝态氮含量 + 底肥速氮量"增加到 150 ～ 155 kg/ha 生物量显示不再增长。从第三章分析结果得知，此时再增加肥料供给量会明显降低肥料氮回收率。因此，可把"土壤 0 ～ 60 cm 土层硝态氮含量 + 底肥速氮量"达到 150 kg/ha 作为满足小麦拔节以前自由生长的临界氮量。

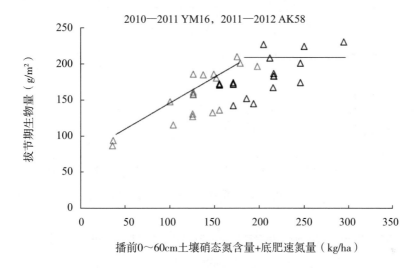

图 9-1　"播前 0 ～ 60 cm 土壤硝态氮 + 底肥氮量"与拔节期生物量关系

2. 基于拔节期土壤硝态氮含量和追肥氮量的氮素效应量化分析

从第三章分析可知，拔节至开花是小麦氮吸收效率最高的时期，同时也是小麦生长最快的时期，准确量化该期氮效应因子对提高施肥效率非常重要。图 9-2 显示，"拔节期 0 ～ 60 cm 土壤硝态氮量 + 拔节时追施氮量"与拔节至开花期生物量增量呈正相关关系，但当"拔节期 0 ～ 60 cm 土壤硝态氮量 + 拔节时追施氮量"达到约 150 kg/ha 时，生物量增加值出现滞涨。从第三章分析结果得知，再增加肥料供给量会明显降低肥料氮回收率。因此，可把"拔节期 0 ～ 60 cm 土壤硝态氮含量 + 拔节时追施氮量"达到 150 kg/ha，作为满足小麦开花以前自由生长的临界氮量。

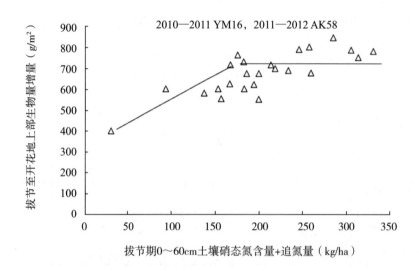

图 9-2　"拔节期 0 ～ 60 cm 土壤硝态氮量 + 追施氮量"与拔节至开花期生物量增量关系

3. 基于开花期土壤硝态氮含量的氮素效应量化分析

开花至成熟小麦氮吸收是影响籽粒发育的重要时期，准确量化该期氮效应因子对保障小麦灌浆非常重要。图 9-3 显示，开花期 0 ～ 60 cm 土壤硝态氮量与开花至成熟期生物量增量呈正相关关系，但当"拔节期 0 ～ 60 cm 土壤硝态氮量 + 拔节时追施氮量"达到约 30 kg/ha 时，生物量增加值出现滞涨。因此，可把"开花期 0 ～ 60 cm 土壤硝态氮含量 + 开花时追施氮量"达到 30 kg/ha，作为满足小麦开花以前自由生长的临界氮量。

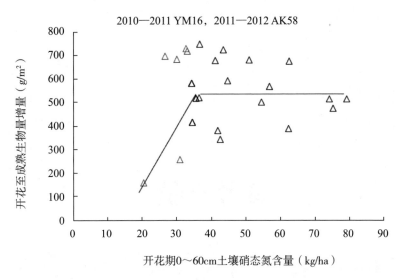

图 9-3　"开花期 0 ～ 60 cm 土壤硝态氮量"与开花至成熟期生物量增量关系

四、小结与讨论

本研究基于田间试验数据分析了不同阶段 0 ～ 60 cm 土壤氮含量与小麦生长速率的关系。结果表明，各阶段均表现为"0 ～ 60 cm 土壤硝态氮含量 + 施氮量"在一定范围内与生物量增长呈正相关关系，超过该范围上限，生物量不再增长。播种前"0 ～ 60 cm 土壤硝态氮含量 + 基施氮量"≥ 150 kg/ha，拔节前生物量不再随施肥的增加而增长；拔节期"0 ～ 60 cm 土壤硝态氮含量 + 基施氮量"≥ 145 kg/ha，拔节至开花期生物量不再随施肥的增加而增长；开花期 0 ～ 60 cm 土层硝态氮含量 ≥ 30 kg/ha，开花至成熟期生物量不再随土壤硝态氮含量的增加而增长。

土壤类型不同，其养分释放速率不一样，品种不同对氮素吸收效率和相应有差异（李淑文等，2006；孙敏等，2006；裴雪霞等，2007）。因此，本研究结果由于受试验地区土壤类型和选用品种等因素的限制，能否适用更多的地区和条件还有待更多的试验验证，并对参数进行矫正。

参考文献

[1]   Ata-Ul-Karim S T, Yao X, Liu X, et al. Development of critical nitrogen dilution curve of Japonica rice in Yangtze River Reaches [J]. Field Crops Research, 2013（149）: 149-158.

[2]   Ata-Ul-Karim S T, Yao X, Liu X, et al. Determination of critical nitrogen dilution curve based on stem dry matter in rice [J]. PloS One, 2014a, 9（8）: e104540.

[3]   Ata-Ul-Karim S T, Zhu Y, Yao X, et al. Determination of critical nitrogen dilution curve based on leaf area index in rice [J]. Field Crops Research, 2014b（167）: 76-85.

[4]   Ata-Ul-Karim S T, Liu X, Lu Z, et al. In-season estimation of rice grain yield using critical nitrogen dilution curve [J]. Field Crops Research, 2016a （195）: 1-8.

[5]   Ata-Ul-Karim S T, Liu X Y, et al. Estimation of nitrogen fertilizer requirement for rice crop using critical nitrogen dilution curve [J]. Field Crops Research, 2017a（201）: 32-40.

[6]   Ata-Ul-Karim S T, Zhu Y, Cao Q, et al. In-season assessment of grain

protein and amylose content in rice using critical nitrogen dilution curve [J].
European Journal of Agronomy, 2017b（90）: 139−151.

[7] Alcoz M M, Hons F M, Haby V A. Nitrogen fertilization, timing effect on wheat production, nitrogen uptake efficiency, and residual soil nitrogen [J]. Agronomy Journal, 1993（85）: 1198–1203.

[8] Arduini I, Masoni A, Ercoli L, et al. Grain yield and dry matter and nitrogen accumulation and remobilization in durum wheat as affected by variety and seeding rate [J]. European Journal of Agronomy, 2006, 25（4）: 309−318.

[9] Barber S A. Soil Nutrient Bioavailability（2nd edition）[M]. New York: John Wiley. Son Inc., 1995.

[10] Bélanger G, Walsh J R, Richards J E, et al. Critical nitrogen curve and nitrogen nutrition index for potato in eastern Canada [J]. American Journal of Potato Research, 2001（78）: 355−364.

[11] Bodirsky B L, Popp A, Lotze-Campen H, et al. Reactive nitrogen requirements to feed the world in 2050 and potential to mitigate nitrogen pollution [J]. Nature Communications, 2014（5）: 3858.

[12] Bouwman A F, van Drecht G, van der Hoeck K W. Surface nitrogen balances and reactive N loss to the environment from global intensive agricultural production systems for the period 1970− 2030 [J]. Science in China Series C: Life Sciences, 2005a, 48（special issue）: 767−779.

[13] Bouwman A F, van Drecht G, van der Hoeck K W. Glogal and regional surface nitrogen balances intensive agricultural production systems for the period 1970− 2030 [J]. Pedosphere, 2005b, 15（2）: 137−155.

[14] Bremner J M, Mulvaney C S. Nitrogen−total[M]. New York: Wiley, 1982: 565.

[15] Brisson N, Mary B, Ripoche D, et al. STICS: a generic model for the simulation of crops and their water and nitrogen balances. I. Theory and

parameterization applied to wheat and corn [J]. Agronomie, 1998（18）：311−346.

[16] Caloin M, Yu O. Analysis of the time course of change in nitrogen content in dactylis glomerata l. Using a model of plant growth [J]. Annals of Botany, 1984, 54（1）：69−76.

[17] Caloin M, Yu O. Relationship between nitrogen dilution and growth-kinetics in Graminae [J]. Agronomie, 1986（6）：167−174.

[18] Charles H, Godfray J, John R, et al. Food security: the challenge of feeding 9 billion people[J]. Science, 2010, 327（5967）:812−818.

[19] Chen P, Zhu Y. A new method for winter wheat critical nitrogen curve determination [J]. Agronomy Journal, 2013（105）: 1839−1846.

[20] Chen R, Zhu Y, Cao W, et al. A bibliometric analysis of research on plant critical dilution curve conducted between 1985 and 2019 [J]. European Journal of Agronomy, 2021（123）: 126199.

[21] Chen X P, Zhang F S, Cui Z L, et al. Critical grain and stover nitrogen concentrations at harvest for summer maize production in China [J]. Agronomy Journal, 2010（102）: 289−295.

[22] Ciampitti I A, Fernandez J, Tamagno S, et al. Does the critical N dilution curve for maize crop vary across genotype x environment x management scenarios? − a Bayesian analysis [J]. European Journal of Agronomy, 2021（123）: 1−8.

[23] Colnenne C, Meynard J M, Reau R, et al. Determination of a critical nitrogen dilution curve for winter oilseed rape [J]. Annals of Botany, 1998（81）：311−317.

[24] Colnenne C, Meynard J M, Roche R, et al. Effects of nitrogen deficiencies on autumnal growth of oilseed rape [J]. European Journal of Agronomy, 2002, 17（1）: 11−28.

[25] Confalonieri R, Debellini C, PirondiniM, et al. A new approach for determining rice critical nitrogen concentration [J]. Journal of Agricultural Science, 2011, 149（5）: 633−638.

[26] Chen X, Cui Z, Fan M, et al. Producing more grain with lower environmental costs [J]. Nature, 2014（514）: 486−489.

[27] Chen B, Liu E K, Tian Q, et al. Soil nitrogen dynamics and crop residues. A review [J]. Agronomy for Sustainable Development, 2014, 34（2）: 429−442.

[28] Charles-Edwards D A, Stützel H, Ferraris R, et al. An analysis of spatial variation in the nitrogen content of leaves from different horizons within a canopy [J]. Annals of Botany, 1987（60）: 421−426.

[29] Chen X, Cui Z, Fan M, et al. Producing more grain with lower environmental costs [J]. Nature, 2014（514）: 486−489.

[30] Du L, Li Q, Li L, et al. Construction of a critical nitrogen dilution curve for maize in southwest China [J]. Scientific Reports, 2020（10）: 13084.

[31] Dambreville C, Morvan T, and Germon, J C. N_2O emission in maize crops fertilized with pig slurry, matured pig manure or ammonium nitrate in Brittany [J]. Agriculture, Ecosystems & Environment, 2008（123）: 201−210.

[32] Drinkwater L E, Snapp S S. Nutrients in agroecosystems: rethinking the management paradigm[J]. Advances in Agronomy, 2007, 92（4）: 163−186.

[33] Duan J, Wu Y, Zhou Y, et al. Grain number responses to pre-anthesis dry matter and nitrogen in improving wheat yield in the Huang-Huai Plain [J]. Scientific Reports, 2018, 8（1）: 7126.

[34] Duan S W, Zhang S, Huang H Y. Transport of dissolved inorganic nitrogen from the major rivers to estuaries in China [J]. Nutr. Cyc. Agroecsys, 2000, 57（1）: 13−22.

[35] Eickhout B, Bouwman A F, Van Zeijts H, et al. The role of nitrogen in world food production and environmental sustainability [J]. Agriculture Ecosystems Environment, 2006, 116（1−2）: 4−14.

[36] FAO. Fertilizers Statistics [EB/OL]. [2024-07-05].http: //faostat.fao.org.

[37] Galloway J N. The global nitrogen cycle: past ,present and future [J]. Science in China series C: Life Sciences, 2005, 48（special issue）: 669−677.

[38] Gastal F, Bélanger G. The effects of nitrogen fertilization and the growing season on photosynthesis of field-grown tall fescue（*Festuca arundinacea* schreb.）canopies [J]. Annals of Botany, 1993（5）: 401−408.

[39] Gastal F, Lemaire G. N uptake and distribution in crops: an agronomical and ecophysiological perspective [J]. Journal of Experimental Botany, 2002（53）: 789−799.

[40] Gholz H L, Vogel S A, Cropper W P. Dynamics of canopy structure and light interception in *Pinus elliottii* stands, north Florida [J]. Ecological Monographs, 1991（61）: 254−261.

[41] Gislum R, Boelt B. Validity of accessible critical nitrogen dilution curves in perennial ryegrass for seed production [J]. Field Crops Research, 2009, 111（1−2）: 152−156.

[42] Gitelson A A, Andrés Via, Arkebauer T J, et al. Remote estimation of leaf area index and green leaf biomass in maize canopies [J]. Geophysical Research Letters, 2003, 30（5）: 1248.

[43] Greenwood D J. Predication of nitrogen fertilizer needs of arable crops [J]. In: Advance in Plant Nutrition, 1986（2）: 1−61.

[44] Greenwood D J, Lemaire G, Gosse G, et al. Declinein percentage N of C_3 and C_4 crops with increasing plant mass [J]. Annals of Botany, 1990（66）: 425–436.

[45] Greenwood D J, Lemaire G, Gosse G, et al. Decline in percentage N of C3 and C4 crops with increasing plant mass [J]. Annals of Botany, 1990（67）: 181–190.

[46] Grindlay D J C. Towards an explanation of crop nitrogen demand based on the optimization of leaf nitrogen per unit leaf area [J]. The Journal Agriculture Science,1997（128）: 377–396.

[47] Guo B B, Zhao X H, Meng Y, et al. Establishment of critical nitrogen concentration models in winter wheat under different irrigation levels [J]. Agronomy, 2020, 10（4）: 556.

[48] Guo B, Zhao X, Meng Y, et al. Establishment of critical nitrogen concentration models in winter wheat under different irrigation levels [J]. Agronomy, 2020（10）: 556.

[49] Guyot G, Guyon D, Riom J. Factor affecting the spectral response of forestcanopies: A review [J]. Geocarto International, 1989（4）: 3–18.

[50] Harasim E, Marian, Kwiatkowski C, et al. The contribution of yield components in determining the productivity of winter wheat（*Triticum aestivum* L.）[J]. Acta Agrobotanica, 2016, 69（3）: 1675.

[51] Hammer G L, Wright G C. A theoretical analysis of nitrogen and radiation effects on radiation use efficiency in peanut [J]. Australian Journal of Agricultural Research, 1994, 45（3）: 575–589.

[52] Heffer P. Assessment of fertilizer use by crop at the global level: 2006/ 07– 2007/08 [R]. Paris: International Fertilizer Industry Association, 2009.

[53] Herrmann A, Taube F. The range of the critical nitrogen dilution curve for maize（*Zea mays* L.）can be extended until silage maturity [J]. Agronomy Journal, 2004（96）: 1131–1138.

[54] He Z, Qiu X, Ata-Ul-Karim S T, et al. Development of a critical nitrogen dilution curve of double cropping rice in south China [J]. Frontiers in Plant

Science, 2017, 8: 638.

[55] Hirose T, Werger M J A. Maximizing daily canopy photosynthesis with respect to the leaf nitrogen allocation pattern in the canopy [J]. Oecologia, 1987（72）: 520-526.

[56] Holli P L. Soil fertility research helps today's cotton grower [EB/OL]. 2001.http: //southeastfarmpress.com/mag/farming_soil_fertility_research_2.

[57] Huang S, Miao Y, Zhao G, et al. Satellite remote sensing-based in-season diagnosis of rice nitrogen status in northeast China [J]. Remote Sensing, 2015, 7（8）: 10646-10667.

[58] IPPC（Intergovemental Panel on Climate Change）. Climate Change 2001: Synthesis Report. A Contribution of working Groups Ⅰ, Ⅱ and Ⅲ to the Third Assessment Report of the Intergovernmental Panel on Climate [M]. New York: Cambridge University Press, 2001.

[59] Isermann K .territorial, continental and global aspects of C, N, P and S emissions from agricultural ecosystems[J].Springer Berlin Heidelberg, 1993 : 79-121.

[60] Jeuffroy M H, Christine B. Intensity and duration of nitrogen deficiency on wheat grain number [J]. Crop Science, 1999, 39（5）: 1385-1393.

[61] Jeuffroy M H, Meynard J M. "Azote: production agricole et environement," in Assimilation de l' azote chez les Plantes [M]. Paris: INRA, 1997: 369-380.

[62] Jeuffroy M H, Ney B, Ourry A. Integrated physiological and agronomic modelling of N capture and use within the plant [J]. Journal of Experimental Botany, 2002（370）: 809-823.

[63] Jeuffroy M H, Recous S. Azodyn: a simple model simulating the date of nitrogen deficiency for decision support in wheat fertilization [J]. European Journal of Agronomy, 1999, 10（2）: 129-144.

[64]   Justes E, Mary B, Meynard, et al. Determination of a critical nitrogen dilution curve for winter wheat crops [J]. Annals of Botany, 1994（74）: 397−407.

[65]   Kage H, Alt C, Stützel H. Nitrogen concentration of cauliflower organs as determined by organ size, N supply, and radiation environment [J]. Plant Soil, 2002（246）: 201−209.

[66]   Ladha J K, Pathak H, Krupnik T J, et al. Efficiency of fertilizer nitrogen in cereal production: retrospects and prospects [J]. Advances in Agronomy, 2005, 87: 85−156.

[67]   Ladha J K, Tirol-Padre A, Reddy C K, et al. Global nitrogen budgets in cereals: A 50-year assessment for maize, rice, and wheat production systems [J]. Scientific Reports, 2016（6）: 19355.

[68]   Lee K J, Lee B W. Estimation of rice growth and nitrogen nutrition status using color digital camera image analysis [J]. European Journal of Agronomy, 2013（48）: 57−65.

[69]   Le Bot J, Adamowicz S, Robin P. Modelling plant nutrition of horticultural crop: a review [J]. Scientia Horticulturae, 1998（74）: 47−82.

[70]   Lemaire G, Salette J. Relation entre dynamique de croissance et dynamique de prélèvement d'azote pour un peuplement de graminées fourragères: II. Etude de la variabilité entre génotypes [J]. Agronomie, 1984（4）: 431−436.

[71]   Lemaire G, Gastal F. N Uptake and Distribution in Plant Canopies. In: Lemaire G, ed. Diagnosis of the Nitrogen Status in Crops [M]. Berlin Heidelberg: Spring-Verlag, 1997: 3−44.

[72]   Lemaire G, Salette J. Relation entre dynamique de croissance et dynamique de prélévement d'azote pour un peuplement de graminées fourragères. I- Etude del' effetdu milieu [J]. Agronomie. 1984（4）: 423−430.

[73] Lemaire G, Avice J C, Kim T H, et al. Developmental changes in shoot N dynamics of lucerne in relation to leaf growth dynamics as a function of plant density and hierarchical position within the canopy [J]. Journal of Experimental Botany, 2005（56）: 935-943.

[74] Lemaire G, Gastal F, Salette J. Section 2: nitrogen fixation, cycling and utilization. Analysis of the effect of N nutrition on dry matter yield of a sward by reference to potential yield and optimum N content[C]//16. International grassland congress, October 4-11, 1989, Nice, France. Versailles: AFPF, 1989: 179-180.

[75] Lemaire G, Gastal F. N Uptake and Distribution in Plant Canopies [M]. Berlin: Springer-Verlag, 1997b: 3-43.

[76] Lemaire G, Jeuffroy M H, Gastal F. Diagnosis tool for plant and crop N status in vegetative stage: Theory and practices for crop N management [J]. European Journal of Agronomy, 2008, 28（4）: 614-624.

[77] Lemaire G, Meynard J M. Use of the Nitrogen Nutrition Index for the Analysis of Agronomical Data. In G. Lemaire（ed.）Diagnosis of the Nitrogen Status in Crops [M]. Berlin: Springer-Verlag, 1997, 45-55.

[78] Lemaire G, Oosterom E V, Sheehy J, et al. Is crop N demand more closely related to dry matter accumulation or leaf area expansion during vegetative growth? [J]. Field Crops Research, 2007, 100（1）: 91-106.

[79] Lemaire G, Sinclair T, Sadras V, et al. Correction to: allometric approach to crop nutrition and implications for crop diagnosis and phenotyping. A review [J]. Agronomy for Sustainable Development, 2019, 39（3）: 33.

[80] Li W J, He P, Jin J Y. Critical nitrogen curve and nitrogen nutrition index for spring maize in north-east China [J]. Journal of Plant Nutrition, 2012, 35（11）: 1747-1761.

[81] Li S, Ding X, Kuang Q, et al. Potential of uav-based active sensing for

monitoring rice leaf nitrogen status [J]. Frontiers in Plant Science, 2018(9): 1834.

[82] Liu X J, Ju X T, Zhang F S, et al. Nitrogen dynamics and budgets in a winter wheat–maize cropping system in the north China plain[J]. Field Crops Research, 2003（83）: 111–124.

[83] Li Y, Zhang W, Lin M, et al. An analysis of China's fertilizer policies: impacts on the industry, food security, and the environment [J]. Journal of Environmental Quality, 2013, 42（4）: 972−981.

[84] Li Y, Zhang W, Ma L, et al. An analysis of China's grain production: looking back and looking forward [J]. Food and Energy Security, 2015, 3(1): 19−32.

[85] Makowski D, Zhao B, Ata-Ul-Karim S T, et al. Analyzing uncertainty in critical nitrogen dilution curves[J]. European Journal of Agronomy, 2020, 118（397–407）: 126076.

[86] Ma Q, Yang X, Li M, et al. Studies on the characteristics of dry matter production and accumulation of rice varieties with different productivity levels [J]. Scientia Agricultura Sinica, 2011, 44（20）: 4159−4169.

[87] Miao Y, Stewart B A, Zhang F. Long-term experiments for sustainable nutrient management in China. A review [J]. Agronomy for Sustainable Development, 2011, 31（2）: 397−414.

[88] Miller A J, Fan X, Orsel M, et al. Nitrate transport and signalling[J]. Journal of Experimental Botany, 2007, 58(9): 2297–2306.

[89] Mills A, Moot D J, Jamieson P D. Quantifying the effect of nitrogen on productivity of cocksfoot（ *Dactylis glomerata* L. ）pastures [J]. European Journal of Agronomy, 2009, 30（2）: 63−69.

[90] Mistele B, Schmidhalter U. Estimating the nitrogen nutrition index using spectral canopy reflectance measurements [J]. European Journal of

Agronomy, 2008, 29（4）: 184-190.

[91] Mitchell C C, Reeves W, Hubbs M D. Old rotation, 1996-1999 [R]. Alabama: Agronomy and Soils Departmental Series No. 228, 2000.

[92] Moreau D, Milard G, Munier-Jolain N. A plant nitrophily index based on plant leaf area response to soil nitrogen availability [J]. Agronomy for Sustainable Development, 2013, 33（4）: 809-815.

[93] Moss S R, Storkey J, Cussans J W, et al. Long-term agroecosystem experiments: assessing agricultural sustainability and global change [J]. Science, 1998（82）: 893-896.

[94] Nafiseh G, Mahmod R S, Ali M. A review on dry matter estimation methods using synthetic aperture radar data [J]. International Journal of Geomatics and Geoscience, 2011, 1（4）: 776-788.

[95] Ney B, Dore T, Sagan M. The Nitrogen Requirements of Major Agricultural Crops: Grains legumes. In: Lemaire G（Ed）, Diagnosis on the Nitrogen Status in Crops [M]. Berlin: Springer-Verlag, 1997: 107-117.

[96] Noura Z, Marianne B, Gilles B, et al. Chlorophyll measurements and nitrogen nutrition index for the evaluation of corn nitrogen status [J]. La Revue Du Praticien, 1989, 39（25）: 2275-2279.

[97] OECD. OECD Environmental outlook to 2020 [C]. Paris: OECD, 2001: 1-338.

[98] Ortiz R, Sayre K D, Govaerts B, et al. Climate change: can wheat beat the heat? [J]. Agriculture, Ecosystems & Environment, 2008（126）: 46-58.

[99] Paoletti M G, Foissner W, Coleman D. Soil Biota, Nutrient Cycling and Farming Systems [M]. Boca Raton: Lewis Publishers, 1993: 1314.

[100] Papakosta D K, Gaginas A A. Nitrogen and dry matter accumulation, remobilization, and losses for Mediterranean wheat during grain filling[J]. Agronomy Journal, 1991（83）: 864-870.

[101] Peltonen-Sainio P, Forsman K, Poutala T. Crop management effects on pre-
      and post-anthesis changes in leaf area index and leaf area duration and their
      contribution to grain yield and yield components in spring cereals[J]. Journal
      of Agronomy and Crop Science, 2010, 179（1）: 47−61.

[102] Peng S, Buresh R J, Huang J, et al. Improving nitrogen fertilization in rice
      by site-specific N management. A review [J]. Agronomy for Sustainable
      Development, 2010, 30（3）: 649−656.

[103] Plénet D, Lemaire G. Relationships between dynamics of nitrogen uptake
      and dry matter accumulation in maize crops. Determination critical N
      concentration [J]. Plant Soil, 1999（216）: 65−82.

[104] Pržulj N, Momčilović V. Characterization of vegetative and grain filling
      periods of winter wheat by stepwise regression procedure. II. Grain filling
      period [J]. Genetika, 2011, 43（3）: 549−558.

[105] Ratjen A M, Kage H. Modelling N and dry matter partitioning between leaf
      and stem of wheat under varying N supply [J]. Journal of Agronomy and
      Crop Science, 2016. 1986（202）: 576−586.

[106] Reis S, Bekunda M, Howard C M, et al. Synthesis and review: Tackling
      the nitrogen management challenge: from global to local scales [J].
      Environmental Research Letters, 2016（11）: 120205.

[107] Risser P G. Long-term Ecological Research: An International Perspective
      [M]. New York: John Wiley & Sons, 1991: 1−310.

[108] Ritchie J T, Otter S. Description and performance of CERES Wheat: a user-
      oriented wheat yield model [J]. ARS Wheat Yield Project, 1985（38）:
      159−175.

[109] Richter J, Roelcke M. The N-cycle as determined by intensive agriculture-
      examples from central Europe and China [J]. Nutrient Cycling in
      Agroecosystems, 2000（57）: 33−46.

[110] Soper R, Racz G, Fehr P. Nitrate nitrogen in the soil as a means of predicting the fertilizer nitrogen requirements of barley [J]. Can. J. Soil Sci., 1971(51): 45−49.

[111] Sabine D M, Jeuffroy M H. Effects of nitrogen and radiation on dry matter and nitrogen accumulation in the spike of winter wheat [J]. Field Crop Research, 2004（87）：221−233.

[112] Scharf P C, Lory J A. Calibrating reflectance measurements to predict optimal sidedress nitrogen rate for corn [J]. Agronomy Journal, 2009, 101 （3）：615−625.

[113] Seginer I. Plant spacing effect on the nitrogen concentration of a crop [J]. European Journal of Agronomy, 2004（21）：369−377.

[114] Sheehy J E, Dionora M, Mitchell P L, et al. Critical nitrogen concentrations: implications for high-yielding rice (Oryza sativa L.) cultivars in the tropics [J]. Field Crops Research, 1998, 59（1）：31−41.

[115] Sieling K, Kage H. Organ-specific critical N dilution curves and derived NNI relationships for winter wheat, winter oilseed rape and maize [J]. European Journal of Agronomy, 2021（30）：126365.

[116] Smile V. Nitrogen in crop production: an account of global flows [J]. Global Biogeochem.Cyc., 1999（13）：647−662.

[117] Stockle C O, Debaeke P. Modeling crop nitrogen requirements: A critical analysis [J]. European Journal of Agronomy, 1997, 7（1−3）：161−169.

[118] Tang L, Chang R, Basso, B, et al. Improving the estimation and partitioning of plant nitrogen in the rice grow model [J]. The Journal Agricultural Science, 2018（156）：959−970.

[119] Tei F, Benincasa P, Guidici M. Critical nitrogen concentration in processing tomato [J]. European Journal of Agronomy, 2002（18）：45−56.

[120] Tei F, Onofri A, Guiducci M. Relationship between N-concentration and

growth in sweet pepper[C]//Proceedings fourth ESA -Congress, July 7 − 11, 1996, Veldhoven, Netherlands. 1996: 602−603.

[121] Ulrich A. Physiological bases for assessing the nutritional requirements of plants [J]. Annual Review of Plant Physiology, 1952, 3（1）: 207−228.

[122] Wang Y F, Yu Z W, Li S X, et al. Effects of nitrogen application amount on content of protein components and processing quality of wheat grain [J]. Scientia Agricultura Sinica, 2002, 35（9）: 1071−1078.

[123] Wang Y, Shi P H, Zhang G, et al. A critical nitrogen dilution curve for japonica rice based on canopy images [J]. Field Crops Research, 2016（198）: 93−100.

[124] Wang X L, Ye T Y, Tahir Ata -Ul- Karim S, et al. Development of a critical nitrogen dilution curve based on leaf area duration in wheat [J]. Frontiers in Plant Science, 2017（8）: 1517.

[125] Xing G X. N_2O emission from cropland in China [J]. Nutr. Cyc. Agroecosys. Agroecosys., 1997（52）: 249−254.

[126] Xing G X, Zhu Z L. An assessment of N loss from agricultural fields to the environment in China [J]. Nutrient Cycling in Agroecosystems, 2000（57）: 67–73.

[127] Yao B, He H B, Xu H C, et al. Determining nitrogen status and quantifying nitrogen fertilizer requirement using a critical nitrogen dilution curve for hybrid indica rice under mechanical pot-seedling transplanting pattern [J]. Journal of Integrative Agriculture, 2021（20）: 1474−1486.

[128] Yao B, Wang X L, Lemaire G, et al. Uncertainty analysis of critical nitrogen dilution curves for wheat [J]. European Journal of Agronomy, 2021（128）: 126315.

[129] Yao X, Zhao B, Tian Y C, et al. Using leaf dry matter to quantify the critical nitrogen dilution curve for winter wheat cultivated in eastern China [J]. Field

Crops Research, 2014a, 159（159）：33-42.

[130] Yao X, Ata-Ul-Karim S T, Yan Z, et al. Development of critical nitrogen dilution curve in rice based on leaf dry matter [J]. European Journal of Agronomy, 2014b, 55（2）：20-28.

[131] Yin M H, Li Y N, Xu L Q, et al. Nutrition diagnosis for nitrogen in winter wheat based on critical nitrogen dilution curves [J]. Crop Science, 2018（58）：416-425.

[132] Yuan Z, Ata-Ul-Karim S T, Cao Q, et al. Indicators for diagnosing nitrogen status of rice based on chlorophyll meter readings [J]. Field Crops Research, 2016（185）：12-20.

[133] Yue S C, Meng Q, Zhao R, et al. Critical nitrogen dilution curve for optimizing nitrogen management of winter wheat production in the North China Plain [J]. Agronomy Journal, 2012, 104（2）：523-529.

[134] Yue S C, Sun F L, Meng Q F, et al. Validation of a critical nitrogen curve for summer maize in the North China plain [J]. Pedosphere, 2014, 24（1）：76-83.

[135] Yue S C, Meng Q F, Zhao R F, et al. Critical nitrogen dilution curve for optimizing nitrogen management of winter wheat production in the North China Plain [J]. Agronomy Journal, 2012（104）：523-529.

[136] Zhao B, Ata-Ul-Karim S T, Yao X, et al. A new curve of critical nitrogen concentration based on spike dry matter for winter wheat in Eastern China [J]. PLoS One, 2016a, 11（10）：e0164545.

[137] Zhao B, Liu Z, Ata-Ul-Karim S T, et al. Rapid and nondestructive estimation of the nitrogen nutrition index in winter barley using chlorophyll measurements [J]. Field Crops Research, 2016b（185）：59-68.

[138] Zhao B, Ata-Ul-Karim S T, Liu Z, et al. Development of a critical nitrogen dilution curve based on leaf dry matter for summer maize [J]. Field Crops

Research, 2017（208）: 60-68.

[139] Zhao B, Ata-Ul-Karim S T, Liu Z, et al. Simple assessment of nitrogen nutrition index in summer maize by using chlorophyll meter readings [J]. Frontiers in Plant Science, 2018（9）: 11.

[140] Zhao B, Yao X, Tian Y, et al. New critical nitrogen curve based on leaf area index for winter wheat [J]. Agronomy Journal, 2014, 106（2）: 379.

[141] Zhao B Z, Zhang J B, Flury M, et al. Groundwater contamination with NO_3^--N in a wheat-corn cropping system in the North China Plain [J]. Pedosphere, 2007（17）: 721-731.

[142] Zhao C, Chen P, Wang J, et al. Effects of two kinds of variable-rate nitrogen application strategies on the production of winter wheat（*Triticum aestivum* L.）[J]. N.Z. J. Crop Hortic. Sci., 2009（37）: 149-155.

[143] Zhao D, Reddy K R, Kakani V G, et al. Nitrogen deficiency effects on plant growth, leaf photosynthesis, and hyperspectral reflectance properties of sorghum [J]. European Journal of Agronomy, 2005, 22（4）: 391-403.

[144] Zhao Y, Chen P F, Li Z H, et al. A modified critical nitrogen dilution curve for winter wheat to diagnose nitrogen status under different nitrogen and irrigation rates [J]. Frontiers in Plant Science, 2020（11）: 549636.

[145] Zhao Z, Wang E, Wang Z, et al. A reappraisal of the critical nitrogen concentration of wheat and its implications on crop modeling [J]. Field Crops Research, 2014（164）: 65-73.

[146] Zhu X K, Guo W S, Zhou J L, et al. Effects of nitrogen on grain yield, nutritional and processing quality of wheat for different end uses [J]. Agricultural Ences in China, 2003, 2（6）: 609-616.

[147] Ziadi N, Bélanger G, Claessens A, et al. Determination of a critical nitrogen dilution curve for spring wheat [J]. Agronomy Journal, 2010, 102（1）: 241-250.

[148] Ziadi N, Bélanger G, Cambouris A N, et al. Relationship between P and N concentrations in corn [J]. Agronomy Journal, 2007（99）: 833−841.

[149] Ziadi, N, Brassard M, B′elanger G, et al. Critical nitrogen curve and nitrogen nutrition index for corn in eastern Canada [J]. Agronomy Journal, 2008（100）: 271−276.

[150] Zhu Z L, Chen D L. Nitrogen fertilizer use in China-contributions to food production, impacts on the environment and best management strategies [J]. Nutrient Cycling in Agroecosystems, 2002（63）: 117−127.

[151] 安志超，黄玉芳，汪洋，等. 不同氮效率夏玉米临界氮浓度稀释模型与氮营养诊断 [J]. 植物营养与肥料学报，2019，25（1）: 123−133.

[152] 曹强，田兴帅，马吉锋，等. 中国三大粮食作物临界氮浓度稀释曲线研究进展 [J]. 南京农业大学学报，2020，43（3）: 392−402.

[153] 曹卫星，朱艳，汤亮，等. 数字农作技术 [M]. 北京：科学出版社，2008.

[154] 曹学昌. 应用 ^{15}N 研究小麦吸氮动态及不同时期追施氮肥的作用 [J]. 山东农业科学，1988（5）: 11−13.

[155] 党廷辉，郝明德. 黄土源区不同水分条件下冬小麦氮肥效应与土壤氮素调节 [J]. 中国农业科学，2000，33（4）: 62−67.

[156] 范晓晖，朱兆良. 农田土壤剖面反硝化活性及其影响因素的研究 [J]. 植物营养与肥料学报，1997（3）: 98−103.

[157] 郭建华，王秀，孟志军，等. 动遥感光谱仪 Greenseeker 与 SPAD 对玉米氮素营养诊断的研究 [J]. 植物营养与肥料学报，2008，14（1）: 3−47.

[158] 贺志远，朱艳，李艳大，等. 中国南方双季稻氮营养指数及产量估算模型研究 [J]. 南京农业大学学报，2017（1）: 11−19.

[159] 胡昊，白由路，杨俐苹，等. 基于 SPAD-502 与 GreenSeeker 的冬小麦氮营养诊断研究 [J]. 中国生态农业学报，2010，18（4）: 748−752.

[160] 凌启鸿，郭文善，彭永欣. 小麦高产群体质量及其优化控制技术研究与

应用研究报告 [J]. 江苏农学院学报，1995，16（专）：7–51.

[161] 李淑文，文宏达，周彦珍，等 . 不同氮效率小麦品种氮素吸收和物质生产特性 [J]. 中国农业科学 . 2006，39（10）：1992–2000.

[162] 李友，付占国，郭天财，等 . 高产地小麦前氮后移施肥技术 [J]. 作物杂志，1997（3）：15–17.

[163] 刘建栋，周秀骥，丁国安 . 农田生态系统 N_2O 排放的数值模拟研究 [J]. 环境科学，2002，23（6）：36–39.

[164] 刘敏超，曾长立，王兴仁 . 氮肥施用对冬小麦氮肥利用率及土壤剖面硝态氮含量动态分布的影响 [J]. 农业现代化研究，2000，21（5）：309–312.

[165] 刘兴海，王树安，李绪厚 . 冬小麦抗逆栽培技术原理的研究 II 不同生育期重施氮肥对冬小麦生育和抗逆性的影响 [J]. 华北农学报，1986，1（3）：1–9.

[166] 刘学军，赵紫娟，巨晓棠，等 . 基施氮肥对冬小麦产量、氮肥利用率及氮平衡的影响 [J]. 生态学报，2002，22（7）：1122–1128.

[167] 欧阳兰，武兰芳 . 作物生产力形成基础及调控 [M]. 北京：中国农业大学出版社，2012.

[168] 裴雪霞，王姣爱，党建友，等 . 小麦氮素吸收利用的基因型差异研究 [J]. 小麦研究，2007，28（2）：2127.

[169] 石祖梁，李丹丹，荆奇，等 . 氮肥运筹对稻茬冬小麦土壤无机氮时空分布及氮肥利用的影响 [J]. 生态学报，2010，30（9）：2434–2442.

[170] 孙敏，郭文善，朱新开，等 . 不同氮效率小麦品种苗期根系的 NO_3^-、NH_4^+ 吸收动力学特征 [J]. 麦类作物学报，2006，26（5）：8487.

[171] 苏文楠，解君，韩娟，等 . 夏玉米不同部位干物质临界氮浓度稀释曲线的构建及对产量的估计 [J]. 作物学报，2021，47（3）：530–545.

[172] 王月福，姜东，于振文，等 . 高低土壤肥力下小麦基施和追施氮肥的利用效率和增产效应 [J]. 作物学报，2003，29（7）：491–495.

[173] 薛晓萍，王建国，郭文琦，等．棉花花后果枝叶生物量和氮累积特征及临界氮浓度稀释模型的研究 [J]．作物学报，2007（04）：669-676.

[174] 杨林章，孙波，范晓晖，等．中国农田生态系统养分循环与平衡及其管理 [M]．北京：科学出版社，2008.

[175] 岳松华，刘春雨，黄玉芳，等．豫中地区冬小麦临界氮稀释曲线与氮营养指数模型的建立 [J]．作物学报，2016，42（6）：909-916.

[176] 张福锁，崔振岭，陈新平，等．高产高效养分管理技术 [M]．北京：中国农业大学出版社，2012.

[177] 张福锁，王激清，张卫峰，等．中国主要粮食作物肥料利用率现状与提高途径 [J]．土壤学报，2008（45）：915-924.

[178] 张娟娟，杜盼，郭建彪，等．不同氮效率小麦品种临界氮浓度模型与营养诊断研究 [J]．麦类作物学报，2017，37（11）：1480-1488.

[179] 张绍林，朱兆良，徐银华，等．关于太湖地区稻麦上氮肥的适宜用量 [J]．土壤，1988（20）：5-9.

[180] 张卫峰，马林，黄高强，等．中国氮肥发展、贡献和挑战 [J]．中国农业科学，2013，46（15）：3161-3171.

[181] 张翔，朱洪勋，孙春河．应用 ^{15}N 对中低产区冬小麦施氮推荐体系的研究 [J]．土壤通报，1999，30（5）：224-226.

[182] 张玉铭，胡春胜，董文旭．农田土壤 N_2O 生成与排放影响因素及 N_2O 总量估算的研究 [J]．中国生态农业学报，2004，12（3）：119-123.

[183] 赵犇，姚霞，田永超，等．基于临界氮浓度的小麦地上部氮亏缺模型 [J]．应用生态学报，2012，23（11）：916-924.

[184] 赵广才，李春喜，张保明，等．不同施氮比例和时期对冬小麦氮素利用的影响 [J]．华北农学报，2000，15（3）：99-102.

[185] 朱新开．不同类型专用小麦氮素吸收利用特性与调控 [D]．扬州：扬州大学，2006.

[186] 朱兆良，文启孝. 中国土壤氮素 [M]. 南京：江苏科技出版社，1992.

[187] 朱兆良. 中国土壤氮素研究 [J]. 土壤学报，2008（45）：778-783.

[188] 朱兆良. 农田中氮肥的损失与对策 [J]. 土壤与环境，2000，9（1）：1-6.